国家级一流本科专业建设点配套教材·产品设计专业系列 ｜ 丛书主编｜薛文凯

高等院校艺术与设计类专业"互联网+"创新规划教材 ｜ 丛书副主编｜曹伟智

产品设计程序与方法

赵 妍 编著

北京大学出版社

PEKING UNIVERSITY PRESS

内 容 简 介

产品设计是一门综合了视觉传达设计、创意思考、用户研究及价值论证等各项活动的专业。面对日益扩展的学科范围和日新月异的设计种类定义,本书将产品设计的程序清晰地划分为 5 个阶段:第一阶段包括规划、范围界定和定义,用于探索和陈述项目;第二阶段包括综合和设计定位,进而推断设计会产生的影响;第三阶段包括通过创新驱动概念生成和早期原型迭代;第四阶段包括以反复测试和反馈为基础的设计评估、细化和生产;第五阶段包括设计定型书的准备条件,以供市场推广和广泛使用。从选题的技巧到设计的方法,本书善于利用清晰的设计模式和案例,使看不见、摸不着的复杂的设计思路和难点变得简明易懂。

本书可以作为高等院校艺术设计类专业的教材,也可以作为关于产品设计程序与方法的工具书。本书将大量的设计方法模板和图例融入设计的不同程序之中,可以帮助读者便捷、快速地进入设计思考和行动状态。

图书在版编目(CIP)数据

产品设计程序与方法 / 赵妍编著. —北京:北京大学出版社,2020.12
高等院校艺术与设计类专业"互联网 +"创新规划教材
ISBN 978-7-301-31936-9

Ⅰ. ①产… Ⅱ. ①赵… Ⅲ. ①产品设计—高等学校—教材 Ⅳ. ① TB472

中国版本图书馆 CIP 数据核字(2021)第 015460 号

书　　　名	产品设计程序与方法 CHANPIN SHEJI CHENGXU YU FANGFA
著作责任者	赵　妍　编著
策 划 编 辑	孙　明
责 任 编 辑	蔡华兵
数 字 编 辑	金常伟
标 准 书 号	ISBN 978-7-301-31936-9
出 版 发 行	北京大学出版社
地　　　址	北京市海淀区成府路 205 号　100871
网　　　址	http://www.pup.cn　新浪微博:@ 北京大学出版社
电 子 邮 箱	编辑部 pup6@pup.cn　总编室 zpup@pup.cn
电　　　话	邮购部 010-62752015　发行部 010-62750672　编辑部 010-62750667
印 刷 者	北京宏伟双华印刷有限公司
经 销 者	新华书店
	889 毫米 ×1194 毫米　16 开本　10 印张　320 千字 2020 年 12 月第 1 版　2025 年 1 月第 6 次印刷
定　　　价	59.00 元

未经许可,不得以任何方式复制或抄袭本书之部分或全部内容。

版权所有,侵权必究

举报电话:010-62752024　电子邮箱:fd@pup.cn

图书如有印装质量问题,请与出版部联系,电话:010-62756370

序言

产品设计在近十年里遇到了前所未有的挑战，设计的重心已经从产品设计本身转向了产品所产生的服务设计、信息设计、商业模式设计、生活方式设计等"非物"的层面。这种转变让人与产品系统产生了更加紧密的联系。

工业设计人才培养秉承致力于人类文化的高端和前沿的探索，放眼于世界，并且具有全球胸怀和国际视野。鲁迅美术学院工业设计学院负责编写的系列教材是在教育部发布"六卓越一拔尖"2.0计划，推动新文科建设、"一流本科专业"和"一流本科课程"双万计划的背景下，继2010年学院编写的大型教材《工业设计教程》之后的一次新的重大举措。"国家级一流本科专业建设点配套教材·产品设计专业系列"忠实记载了学院近十年来的学术、思想和理论成果，以及国际校际交流、国际奖项、校企设计实践总结、有益的学术参考等。本系列教材倾工业设计学院全体专业师生之力，汇集学院近十年的教学积累之精华，体现了产品设计（工业设计）专业的当代设计教学理念，从宏观把控，从微观切入，既注重基础知识，又具有学术高度。

本系列教材基本包含国内外通用的高等院校产品设计专业的核心课程，知识体系完整、系统，涵盖产品设计与实践的方方面面，从设计表现基础—专业设计基础—专业设计课程—毕业设计实践，一以贯之，体现了产品设计专业设计教学的严谨性、专业化、系统化。本系列教材包含两条主线：一条主线是研发产品设计的基础教学方法，其中包括设计素描、产品设计快速表现、产品交互设计、产品设计创意思维、产品设计程序与方法、产品模型塑造、3D设计与实践等；另一条主线是产品设计实践与研发，如产品设计、家具设计、交通工具设计、公共产品设计等面向实际应用方向的教学实践。

本系列教材适用于我国高等美术院校、高等设计院校的产品设计专业、工业设计专业，以及其他相关专业。本系列教材强调采用系统化的方法和案例来面对实际和概念的课题，每本教材都包括结构化流程和实践性的案例，这些设计方法和成果更加易于理解、掌握、推广，而且实践性强。同时，本系列教材的章节均通过教学中的实际案例对相关原理进行分析和论述，最后均附有练习、思考题和相关知识拓展，以方便读者体会到知识的实用性和可操作性。

中国工业化、城市化、市场化、国际化的背后是国民素质的现代化，是现代文明的培育，也是先进文化的发展。本系列教材立足于传播新知识、介绍新思维、树立新观念、建设新学科，致力于汇集当代国内外产品设计领域的最新成果，也注重以新的形式、新的观念来呈现鲁迅美术学院的原创设计优秀作品，从而将引进吸收和自主创新结合起来。

本系列教材既可作为从事产品设计与产品工程设计人员及相关学科专业从业人员的实践指南，也可作为产品设计等相关专业本科生、研究生、工程硕士研究生和产品创新管理、研发项目管理课程的辅助教材。在阅读本系列教材时，读者将体验到真实的对产品设计与开发的系统逻辑和不同阶段的阐述，有助于在错综复杂的新产品、新概念的研发世界中更加游刃有余地应对。

相信无论是产品设计相关的人员还是工程技术研发人员，阅读本系列教材之后，都会受到启迪。如果本系列能成为一张"请柬"，邀请广大读者对产品设计系列知识体系中出现的问题做进一步有益的探索，那么本系列教材的编者们将会喜出望外；如果本系列教材中存在不当之处，也敬请广大读者指正。

2020 年 9 月
于鲁迅美术学院工业设计学院

前言

党的二十大报告指出,加快实施创新驱动发展战略。产品设计是产品创新的动力。面对新的产品设计教学改革,产品设计的程序中会出现许多由新技术、新材料驱动而产生的变化,这些变化会成为未来产品创新和迭代的加速器。本书结合不断更新的产品概念开发流程和创新方法,从过去、现在、未来不同的角度提出设计的切入方式,可以帮助设计师理清思路、高效完成设计项目,使其少走弯路。而且,掌握产品设计的流程和方法是促进设计团队与客户沟通的可视化渠道,方便展示设计的全部计划与进程、面临的机遇与挑战。因此,正确使用本书,可以在复杂的设计项目中找准方向,然后将方法付诸实践,在实践中批判性地进行自我经验总结和设计反思。

本书讲述了产品设计的程序与思维方法。其中,设计的程序涵盖了"课题提出—设计调研—设计定义—创新概念生成—设计呈现—模型测试—设计改进—设计评估—项目总结"一系列过程的细化;而设计的方法指向设计创新的方法,通过有效的启发式训练,可以帮助设计团队或个人找到创新的逻辑思维。同时,产品设计创意方法和思路的选择也取决于具体项目的目标、任务、环境,以及设计师自身的知识背景、经验和设计认知。设计师在运用本书进行设计实践时,要做到面对具体设计问题进行具体分析。

本书的亮点在于为设计项目提供多种可以参考的设计调研方法、设计创新方法、设计表现方法和设计评估方法。这种学习和积累可以有效避免在设计程序中形成过分程式化和固化的思维而最终导致设计创新受到局限。书中引用了大量实际设计案例,可以帮助读者搭建符合设计项目需求的设计程序与方法。在具体设计过程中,设计师可以在各种不确定因素和限定性因素中遵循本书提供的方法,以寻找更多设计的可能性,发现新的见解并最终实现创新。灵活掌握多种设计思路与方法,在面对每个"设计师—设计问题—环境—科技"的命题时,都可以找到诸多适用的设计方法并将其过程补充全面,从而获得产品创新并满足用户需求和开发投产需求。

本书所介绍的产品设计程序与方法适用于广大设计师,无论是对设计新人、学生还是对职业设计师来说，本书都可以作为一本参考工具书，用以辅助掌握产品设计及相关专业所需的技能。尤其是在产品概念形成的过程中，本书不仅可以让读者找到适用的设计方法，而且通过将设计方法融入设计程序之中的方式，会形成不同的设计思路和产生不同的设计反响。但是，作为设计师来说，如果盲目地依赖设计方法，将会迷失其中，无法到达创意生成的彼岸，所以设计的逻辑性、独立思考能力、思维自主进化升级是有效利用设计程序与方法的基础和核心。本书中的设计评估环节，可以促成设计团队和个人进行不同阶段的设计反思和洞察，这将对产品设计的改进与迭代提供重要依据；同时，通过设计反思和洞察，可以帮助设计师实现多方面的自我能力突破。

本书由赵妍编著，负责全书的编写工作、统稿工作。

在本书编写过程中，鲁迅美术学院工业设计学院院长薛文凯教授进行了悉心的指导并提出了大量宝贵意见，而且在内容结构和构思方面给予了极大的帮助，使本书内容得到了质的提升。在此对他表示衷心的感谢！另外，感谢北京大学出版社的编辑人员对书稿提出的修改建议，确保了书稿内容的顺利完成。

由于编者对产品设计的理解水平有限，而且设计的思潮正处于不断变化和发展的阶段，许多新知识融入后需要进行具体的分析和反思，再加上编写时间仓促，所以书中不足之处在所难免，恳请广大读者批评指正，从不同角度提出新的思路和见解。

赵妍
2020 年 6 月
于鲁迅美术学院

【资源索引】

目录

第1章 产品生命周期 / 001
1.1 产品的成长期 / 002
1.2 产品的成熟期 / 002
1.3 产品的衰落期 / 003

第2章 课题选择与调研 / 005
2.1 课题评估 / 006
2.2 市场调研 / 008
    2.2.1 企业调研 / 009
    2.2.2 竞品调研 / 011
2.3 用户调研 / 013
    2.3.1 用户观察 / 013
    2.3.2 用户访谈 / 015
    2.3.3 用户模板 / 017
    2.3.4 用户旅程图 / 019
2.4 环境调研 / 021
    2.4.1 AEIOU法 / 021
    2.4.2 生态设计清单 / 023
2.5 技术调研 / 025
2.6 目标定位 / 027
    2.6.1 商业画布 / 028
    2.6.2 故事板 / 030

第3章 产品设计创意方法 / 035
3.1 比喻和隐喻 / 036
3.2 接力思考 / 038
3.3 用途拓展 / 040
3.4 挖掘源点 / 041
3.5 关键词联想 / 043
3.6 探测弱信号 / 044

第4章 产品设计程序 / 047
4.1 概念阐述 / 048
4.2 功能预设 / 050
4.3 系统开发 / 053
4.4 服务蓝图 / 055
4.5 草图设计 / 058
4.6 产品原型 / 061
    4.6.1 草模型 / 061
    4.6.2 演示模型 / 065
4.7 用户测试 / 068
4.8 视觉呈现 / 071
4.9 样机开发 / 073

  4.9.1 细节设计 / 074
  4.9.2 材料质感 / 075
  4.9.3 制造工艺 / 079
4.10 情境展示 / 081
4.11 设计程序与方法作业案例 / 082

第5章 产品设计综合评估 / 091
5.1 SWOT评估法 / 096
5.2 VRIO分析法 / 098
5.3 MVP测试法 / 100
5.4 价值曲线评估 / 102
5.5 Harris Profile评估法 / 104

第6章 产品设计趋势预测 / 109
6.1 AI与设计 / 110
6.2 参与式设计 / 113
6.3 情感化设计 / 117
6.4 包容性设计 / 120
6.5 服务设计 / 126
6.6 用户体验设计 / 129
6.7 设计伦理与责任 / 132

第7章 产品设计实践案例分析 / 137
7.1 公共安全类产品设计案例 / 138
7.2 儿童关爱类产品设计案例 / 140
7.3 特殊群体关爱类产品设计案例 / 142
7.4 健康类产品设计案例 / 144
7.5 科技类产品设计案例 / 146

结语 / 148

参考文献 / 149

第 1 章
产品生命周期

本章要点
- 产品的成长期。
- 产品的成熟期。
- 产品的衰落期。

本章引言

本章对产品生命周期进行介绍。产品生命周期也称商品生命周期,是指产品所经历的概念生成——样机测试——投入市场——更新换代——退出市场的全过程。了解产品生命周期,可以帮助设计师找到正确的设计定位。同时,生命周期是产品在市场流通中的经济寿命,即在市场流通过程中,由于消费者的需求变化及影响市场的其他因素所造成的产品由盛转衰的周期。产品生命周期的转变主要是由消费者的消费方式、消费水平、消费结构和消费心理的变化所决定的。产品生命周期一般分为成长期、成熟期、衰落期3个主要阶段。

1.1 产品的成长期

产品的成长期是指产品刚被研发出来的时期。在这个时期，产品还不能覆盖完整的业务，甚至还存在一些未知问题。处于成长期的产品，是最具有挑战性的，但也因为各种未知的挑战与阻碍，许多概念产品会在这个阶段败下阵来。这一时期，产品会以非常快的速度迭代。快速迭代可以调整产品的发展方向，不断寻找产品与市场的匹配点。

成长期的产品具有很强的可塑性，这一阶段的设计重点是衡量产品的供应与表现，以迎合市场越来越大的需求。研发部门要提供必要的支援，以便维持客户满意度和成长率。产品在成长期，最重要的是快速验证产品与用户的亲密性，以及能否完成既定的商业战略。对于很多产品来说，成长的过程会决定未来这款产品能走多远。产品如何落地，对于任何一个设计师来说，都是深刻的话题。

1.2 产品的成熟期

产品的成熟期是指产品能够创造稳定的商业价值的时期。成熟期是产品生命周期的巅峰期。从产品迭代上观察，成熟期的产品很难界定，可能快速迭代，也可能按部就班地周期性迭代。判断产品是否达到成熟期，主要还是要看产品所处的业务场景和市场环境。这个阶段的设计重点是强化、提升产品，让客户充分满意，以维系客户关系。

已经进行商业运作的产品，几乎都会面对多变的需求。这些需求可能来自用户、设计公司上级的指示、竞品等。对于成熟期的产品来说，面对复杂的市场环境，其最艰难的是商业战略的调整。同时，设计团队应做好准备，因为到了成熟期，下一代产品的设计与开发就应该在进程之中了。

1.3 产品的衰落期

产品的衰落期是指产品生命周期的结束时期。在这一时期，产品的状态表现为产品销量下滑，核心市场占有率岌岌可危。这一阶段的设计重点是把产品的维护成本降到最低，做出过渡期的策略，让顾客转向新的产品。与此同时，下一代产品测试已经按计划进行了。

产品进入衰落期的原因主要有两个：其一，随着业务的发展，产品已经很难满足实时更新的业务需求，而且产品的投入产出比也在逐渐降低；其二，随着产品使用时长的增加，产品将变得滞后和迟钝，逐渐难以灵活地满足业务与用户的需求。

如图 1.1 所示的产品生命周期图表，可以直观地展示目标产品所处的状态和市场需求等因素。该图表同样可以用于产品概念发散和课题确立阶段，设计师通过图表可以明确设计课题正处于设计的哪个阶段，以便于设计团队做出是否深化该设计的决定。例如，当课题所设计的产品已经属于衰落期的产品种类，那么设计团队就需要理性评估，选择更多具有发展前景和机遇挑战的成长期产品投入设计成本。

本章思考题
(1) 什么是产品生命周期？
(2) 产品生命周期与设计选题之间的联系是怎样的？
(3) 如何利用产品生命周期更好地确定设计选题？

相关知识链接
产品生命周期
参见：约翰·斯达克，2017. 产品生命周期管理 21 世纪产品实现范式 [M].2 版. 杨青海，俞娜，孙兆洋，译. 北京：机械工业出版社.

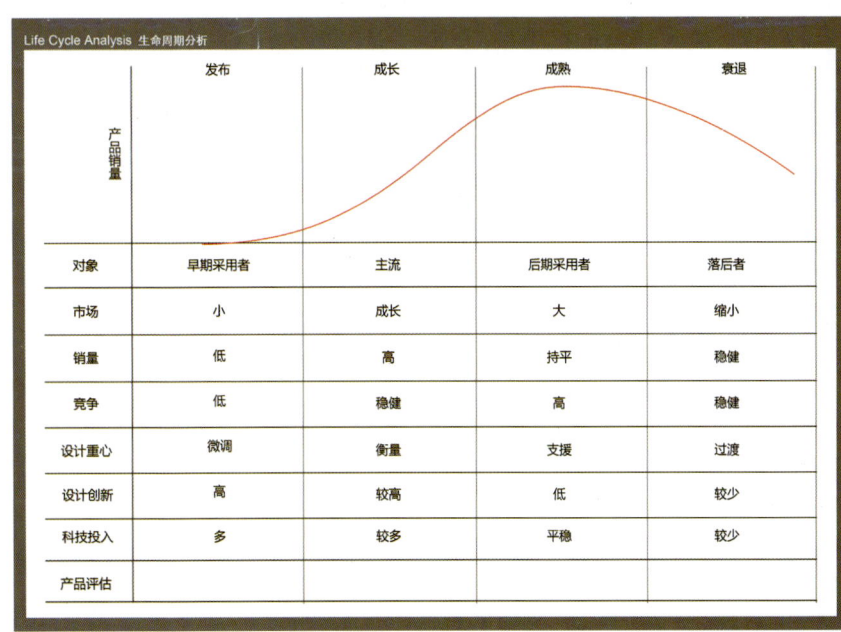

图 1.1 产品生命周期图表

第 2 章
课题选择与调研

本章要点
- 设计课题的选择原则与评估方法。
- 企业的内部调研与外部调研。
- 设计的用户研究。
- 设计的环境调查。
- 设计的技术调研。
- 设计定位的内容。

本章引言

本章从如何选择具有一定深度和广度的课题开始,对设计项目前期准备工作进行系统梳理和流程介绍。课题的选择与评估是整个设计过程中的一个重要部分,合理与否将影响全部设计工作能否顺利进行。设计课题确立后,接下来的设计任务是系统的设计调研。围绕设计课题而展开的市场调研、用户调研、环境调研和技术调研会从不同的方面为下一步的设计创新提供线索和依据。在设计调研的各个环节中,要注意调研内容的内在逻辑性,以确保每个环节都按照设计团队的计划有序地进行。

2.1 课题评估

当设计新人和学生获得第一次产品设计的机会时,一开始会按照自己的计划着手设计项目。然而,他们往往会由于经验不足而导致项目失控,无法判断概念和创意是否存在可行性。对于产品设计而言,突发奇想地列出一些新点子、新概念并不困难,但要将好的想法从若干类似的想法中筛选出来,并将想法转换为具有发展价值的设计概念,却是一件复杂且困难的工作。那么,如何区分切实可行的创意和不切实际的想法呢?通常来说,一个设计项目可以顺利进行的前提是设计概念的正确评估和理性选择。这里介绍的C-Box设计概念分析法是一种归纳评估大量设计概念的矩阵图,将所有被选择的参考课题按照创新性和可行性的高低程度排布在一个坐标系中,如图2.1所示。

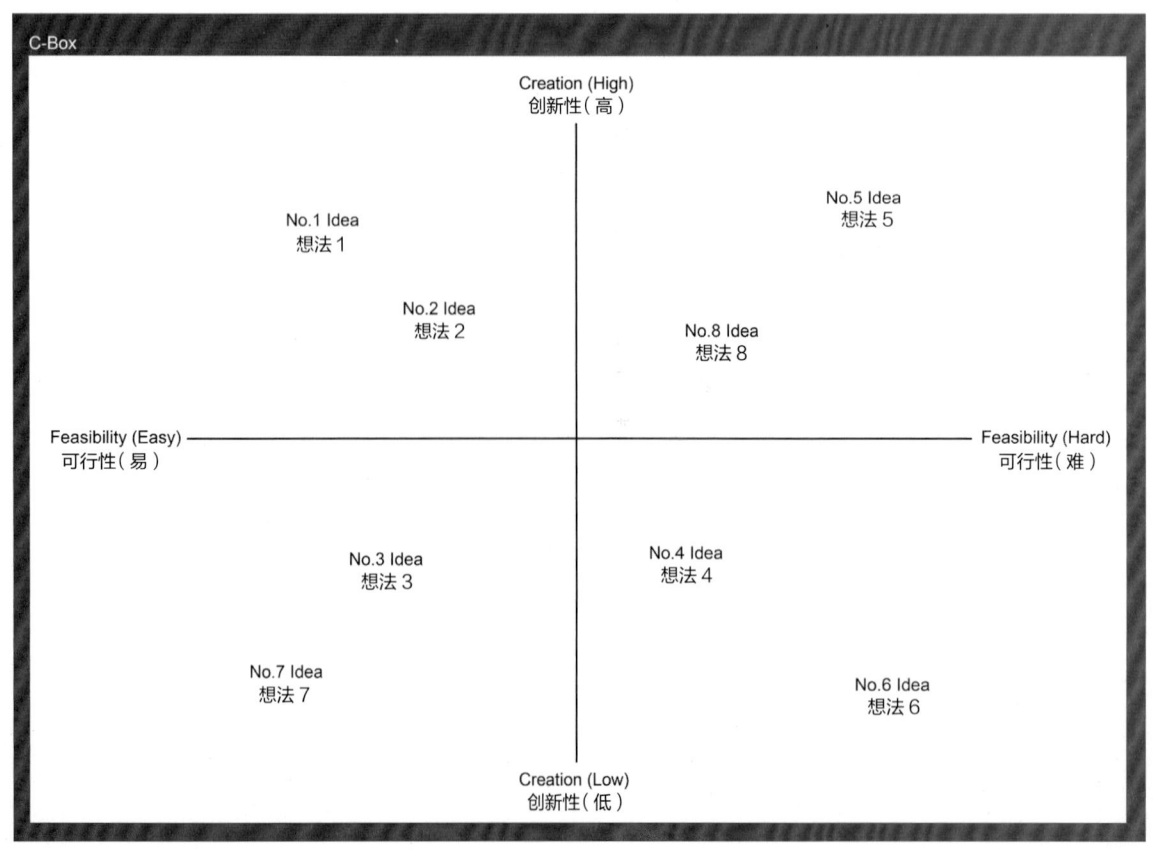

图2.1 C-Box设计概念分析法

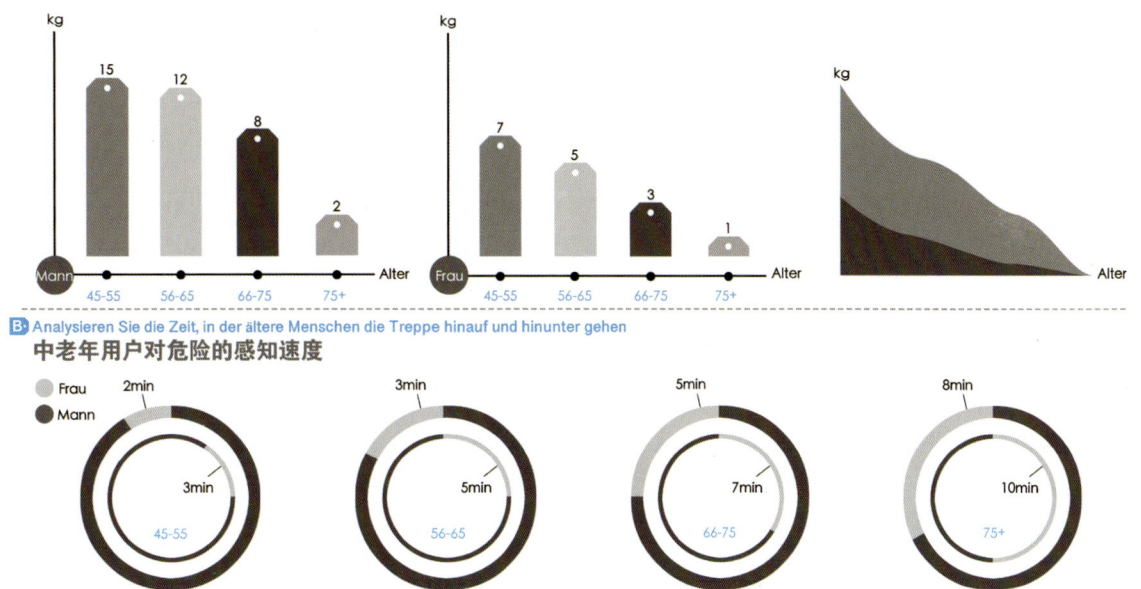

图 2.2 依据背景调研做出设计选题的案例（设计学生姓名：蒋逸阳）

想要利用 C-Box 设计概念分析法选出最有潜力的发展课题，首先要准备好备选课题列表，根据图上的坐标轴，对课题进行归类，将所有课题都填入相应的坐标位置。运用此方法，设计团队可以挑选出最具开发前景的课题项目进行深入设计。同时，此方法也为设计团队规避了那些缺乏创意、生命周期已为成熟期或衰落期、可行性较弱的课题。设计团队在检测课题或者概念的可行性时，需要对设计课题进行缜密的思考和背景研究，对设计课题进行更加系统、更加合理、更加明确且更加严格的挑选。通过设计实践可以证明，设计创新一直都是站在巨人的肩膀上继续前行的，尽管每一次设计项目都是从零开始的，但是每个类型的设计并不完全是无中生有的。所以，设计团队可以根据以往的经验或其他企业、其他设计团队的经验来理性评估自己的课题。

如图 2.2 所示，一个设计课题的确立需要建立在符合生产技术可行性和社会需求等背景之下。在课题选择和确定之前，设计团队需要再次明确以下问题：其一，为谁而设计？其二，设计项目是否具有社会意义？其三，设计项目能否带有创新意义地解决问题？其四，设计项目能否启发人们思考社会现状和预测未来？其五，设计项目能否满足消费者需求、市场机遇或者品牌与商业诉求？其六，设计项目是否尝试将绿色设计的理念结合运用到设计生产之中？课题的选择需要设计团队内部进行定期讨论和演示，也可以邀请外部的专业设计师或学术专家参与讨论，以确保选择的课题可以顺利进行。

2.2 市场调研

产品设计市场调研部分将探讨设计师及其产品的品牌化、市场营销和销售调研，包括品牌基因、市场研究、产品包装和销售方式等。一个新产品或者新项目的重要组成部分至少包含两个元素：技术可行性与市场需求。这两者缺一不可，且两者之间的平衡关系至关重要。设计团队想要成功地完成设计，不仅需要具备巧妙的创意，而且需要制订周密、详尽的市场调研计划，从而进行严谨开发。如图2.3所示，在市场调研阶段，通过实地与网络调研，可以充分掌握目标设计产品所属企业与竞品品牌的各项要素，如功能、使用、制造、成本、环境、产品生产标准、分销等因素。

【市场调研】

在设计团队准备进行市场调研时，首先应思考哪些方面是研究的重点，怎样才能让产品在市场上获得成功。常用的市场调研方式就是对市场营销的7个要素进行研究：一是产品，即确保自己的产品相对于其他竞争对手来说具有清晰的特点和优势，也就是说产品具有独特的销售主张；二是地点，即消费者可以从哪里购买产品，这些产品是如何被送到销售地点的，还有就是分销的过程是怎样的；三是价格，即产品在市场上的销售价格由产品开发、制造和营销成本，以及产品对于消费者的潜在价值共同决定；四是促销，即如何让潜在的消费者和用户意识到产品的价值，如何吸引他们关注新的产品；五是消费者，即消费者的忠诚度建立在周密的用户调研和良好服务质量的基础上；六是流程，即产品设计与制造过程中使用的方法与技术；七是环境，即产品的销售场所所处的公共环境、产品的展示空间和零售店环境，这些会带给消费者积极或者消极的印象。总而言之，围绕产品从计划、

图2.3 关于女性洗漱用品的市场调研（设计学生姓名：侯佳琪）

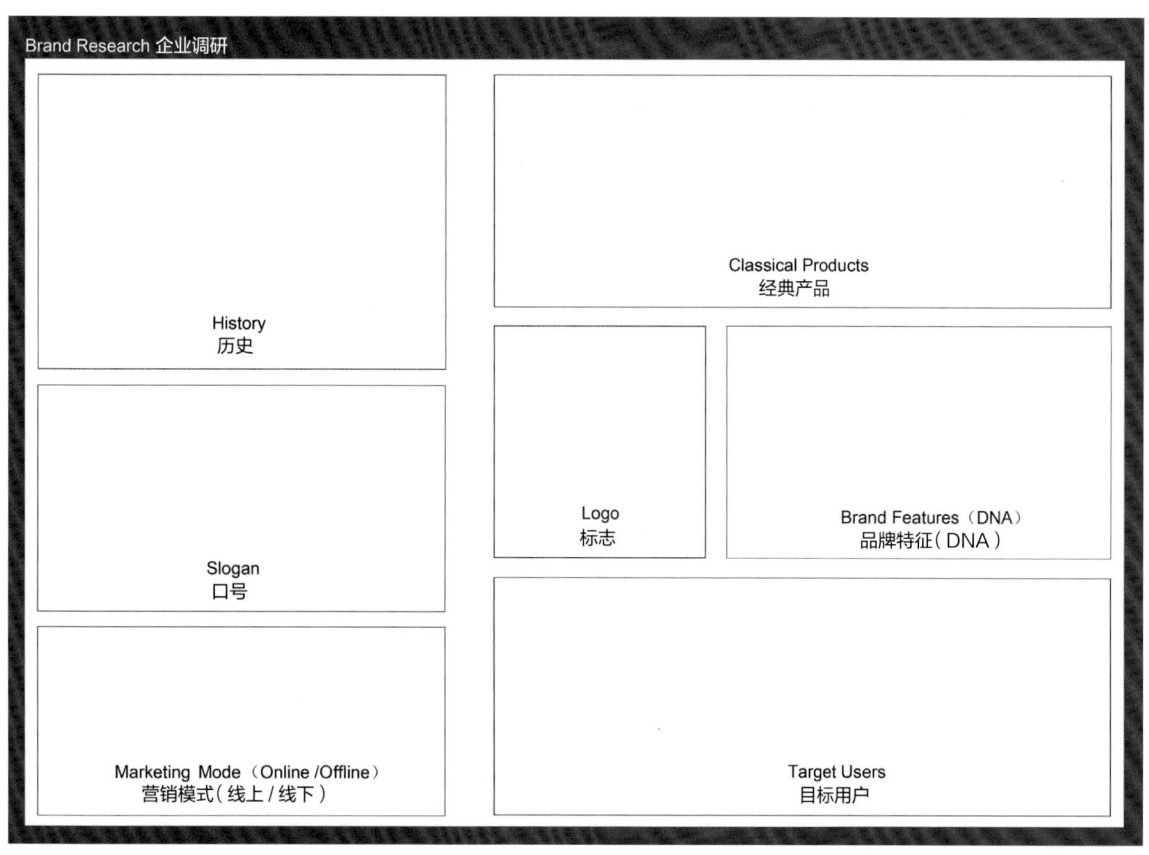

图 2.4　产品设计品牌调研模板

开发到销售的过程是一系列复杂且相互关联的工作，设计团队不仅要考虑设计制造，而且要考虑如何创新、管理和营销。

2.2.1　企业调研

为了更好地服务企业，设计团队在开始设计之初，就需要对企业进行"品牌——企业——市场策略"调研，详细了解企业的发展史、企业的经典产品与畅销产品、品牌的 LOGO 与信条、企业产品的特征提取与"传承 DNA"、企业的线上和线下销售模式、品牌的忠实用户和目标用户群体等信息。由于广告等宣传方式对品牌形象的打造，越来越多的消费者会受到企业品牌驱使，其原因在于品牌将自身附有的价值具体化了，并具备独特性和竞争优势。明确具体的品牌调研是品牌服务和设计团队产生创意的基础，也能为之后在设计开发流程中所做的决策提供规范的信息和依据。

如图 2.4 所示的产品设计品牌调研模板，其所提示的各项内容可以将服务企业调研收集到的资料快速进行整理并分类填入模板上的标题之中。企业调研是连接企业所开发的产品与消费者的核心部分，在市场调研过程中往往将产品属性逐渐细化，把消费者需要的、想要的和渴望的产品信息具体化，可为支持设计团队对概念产品进行开发奠定基础。在设计阶段，设计团队运用实地和网络市场调研方法洞察消费者并发现用户的诉求，当产品即将投入市场销售时，市场营销方法和市场趋势预测等方法会帮助企业顺利将产品推向市场。

品牌是产品设计、标识、口号、广告、营销、包装和消费认知的综合体现。设计团队需要确保他们的设计能够与消费者建立情感共鸣，鼓励消费者与品牌或产品建立关系，并且将其融入购买的生命周期中。如图 2.5 所示是一份由学生完成的 DYNASTAR 滑雪产品品牌的市场调研，首先，将企业发展史以时间为轴线进行展示，穿插在时间轴线之间的是品牌研发产品的大事件；其次，为大家介绍该品牌的主流产品和经典产品、目标用户群体的特征分析，以及品牌的全球市场分布和销售模式等内容；最后，经过以上调研，将品牌特征用关键词加以总结。

如图 2.6 所示的是关于 HAVAL 汽车品牌的市场调研，主要围绕 HAVAL 汽车品牌 H6 的性能、发展史、造型发展趋势等内容进行调研；同时，将 HAVAL 汽车品牌 H6 的竞品品牌与其进行多项性能对比。通过企业调研，需要明确目标消费者的基本需求和潜在需求，这是一项富有挑战性且复杂的任务。通常客户或者消费者在解释这些需求时，会完全站在自己的逻辑角度，设计团队所面临的主要任务就是将这些并不清晰易懂的需求转译成产品、服务或系统所需的信息，即通过研究将所收集的信息转化为一系列产品的分析说明。

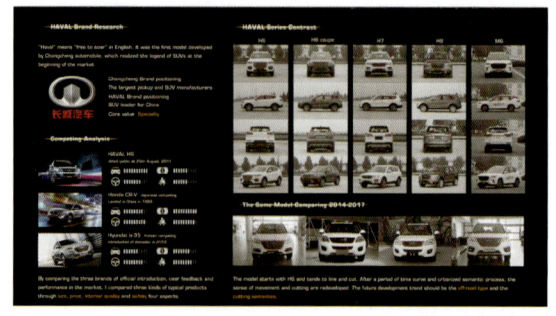

图 2.6　关于 HAVAL 汽车品牌的市场调研
（设计学生姓名：郑炜男）

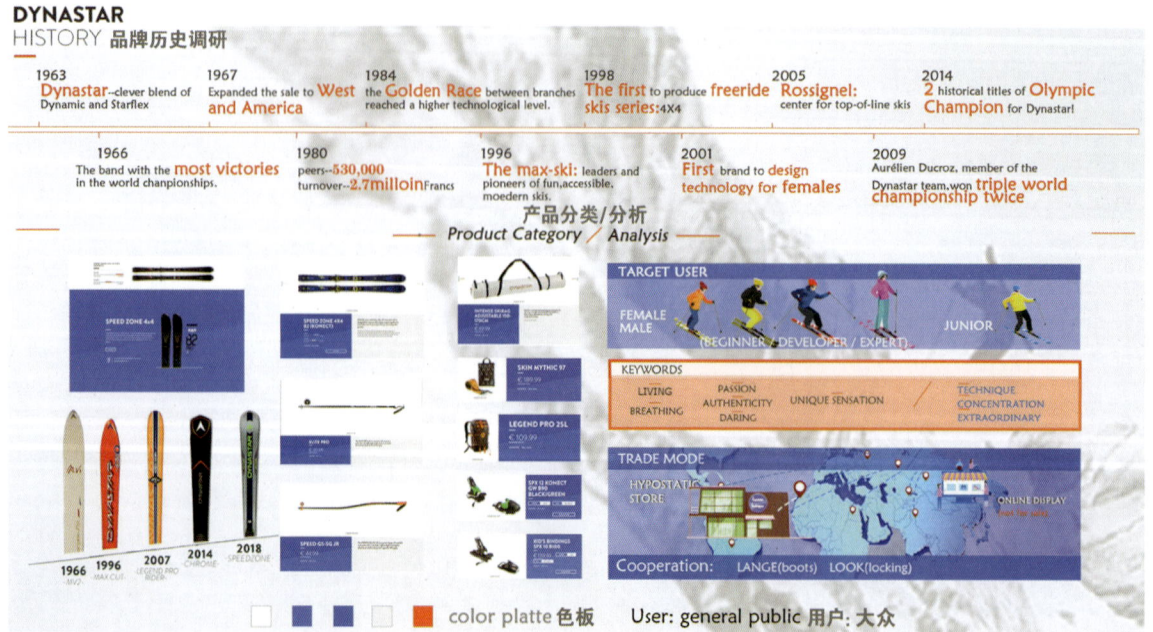

图 2.5　关于 DYNASTAR 滑雪产品品牌的市场调研（设计学生姓名：郭津宏）

2.2.2 竞品调研

企业通过开发新的产品和服务来应对千变万化的市场竞争环境。如果企业需要进行战略性调整，那么通过竞品企业调研与评估，可以有效制定新产品开发的战略方针。企业内部调研与外部竞品调研往往同时进行，用于归纳总结企业的当前形势。企业内部调研可以明确企业的战略优势及其核心竞争力，而外部竞品调研则可帮助设计团队认清潜在市场机会和外在的各种威胁。将两者相结合，可得出潜在的创新型设计机会和战略思考。

如图 2.7 所示的是关于国内外卖包装的市场

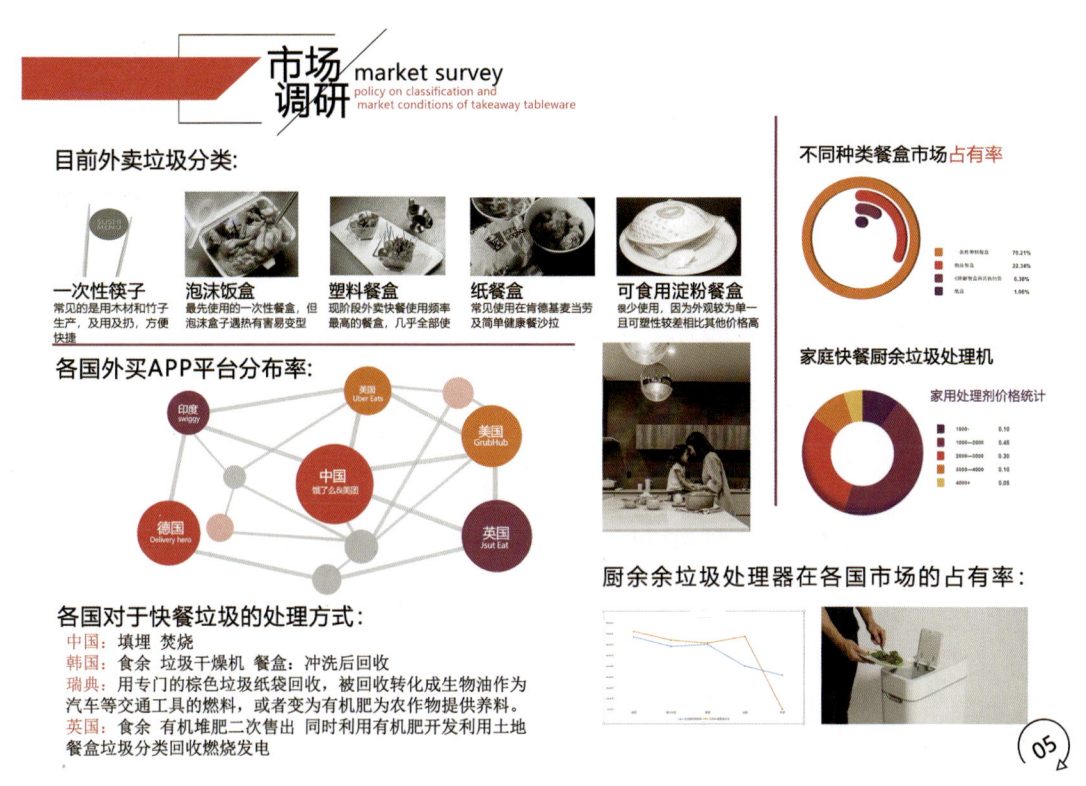

图 2.7 关于国内外卖包装的市场调研（设计学生姓名：陈锦煌）

调研，以及包装回收情况和处理方式，可以参考企业调研模板进行可视化展示和信息整理；同时，可以利用知觉地图（图 2.8）来对比评价服务品牌与目标竞品企业的各项优势和劣势。知觉地图可以反映消费者对同类产品品牌的感受，设计团队可以据此了解各品牌和产品的相关属性。该方法可用于现有产品和品牌，也适用于潜在的新产品和品牌。此外，该方法可以反馈某产品和品牌是否需要被重新定位，并在图中找到重新定位的坐标位置。对于潜在的新产品或品牌来说，运用知觉地图可以找到新的市场空缺和设计切入点。特别是在当前市场上没有能够满足消费者理想状态的产品或者服务的时候，对于设计师来说，运用知觉地图可为之后的设计流程获取至关重要的信息。要创建知觉地图，先用 X 轴和 Y 轴分别代表创新、成本，以及各种对设计产生影响的参数，然后将产品品牌和属性进行综合比较，发现并找到产品在图中相应的位置。

一张知觉地图每次只能展示两项相对对立的评估属性，如果调研的竞品品牌过多，而且需要对比的属性多于两项，那么增加分支坐标可以解决这个问题。需要注意的是，分支的建立需要先确认它邻近的主坐标属性。如图 2.9 所示的是一张关于笔记本电脑产品品牌的知觉地图，当图中产品特征或者品牌位置邻近时，代表这些品牌的竞争关系很强；反之，则代表不强。产品设计团队需要在不断地审视服务企业与竞争企业的同时，探索与了解消费者的现状，明确他们的需求及其使用产品的方式。更为重要的是，通过了解以上信息，设计团队可以预测下一次消费浪潮的时间和市场未来的趋势。尤其是设计团队在进行概念产品创造时，其敏锐的环境感知能力会影响设计，因为全球环境的变化会影响设计概念和产品属性的方方面面，决定产品是否能够顺利投产。

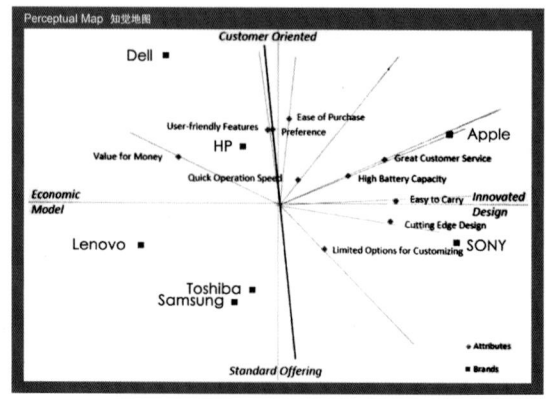

图 2.9　关于笔记本电脑产品品牌的知觉地图

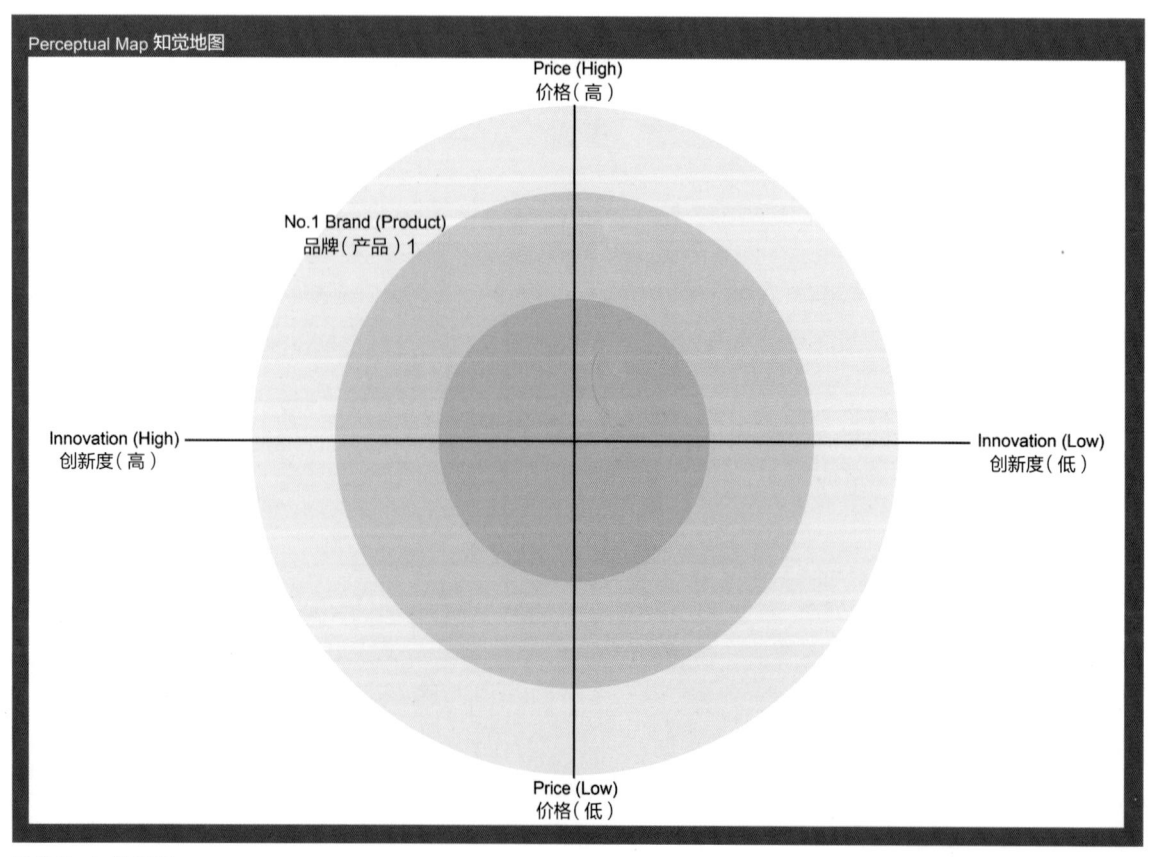

图 2.8　知觉地图

2.3 用户调研

"用户不是人,是需求的集合。""用户不是自然人,而是社会人。"所谓自然人,是指生物意义上的人;所谓社会人,是指在某个场景中拥有社会角色的人。总的来说,用户就是需求,用户是社会人的某一类需求的集合。用户(需求)会随着内外部场景的变化而变化。用户调研主要调研用户、客户及任何参与产品设计与开发的相关人员的信息,细化其内容可以涵盖用户的欲望、需求和潜在需求,以及竞争对手的产品分析与评估。用户调研的方法包括用户观察、用户访谈、用户模板、用户旅程图等。

2.3.1 用户观察

当设计师对产品使用中的某些现象、攸关变量、现象与变量之间的关系一无所知时,用户观察可以帮助设计师观察用户的真实生活、行为举止。这些直观的资料收集可以通过与用户密切接触获得,而不是通过用户口述信息获取。在探索设计问题时,观察法可以帮助设计师分辨影响交互的不同因素,设计团队通过学习来分析所收集到的信息并进行深入的观察,通过各种方式深入了解目标人群。观察用户与产品的互动,能够帮助设计师理

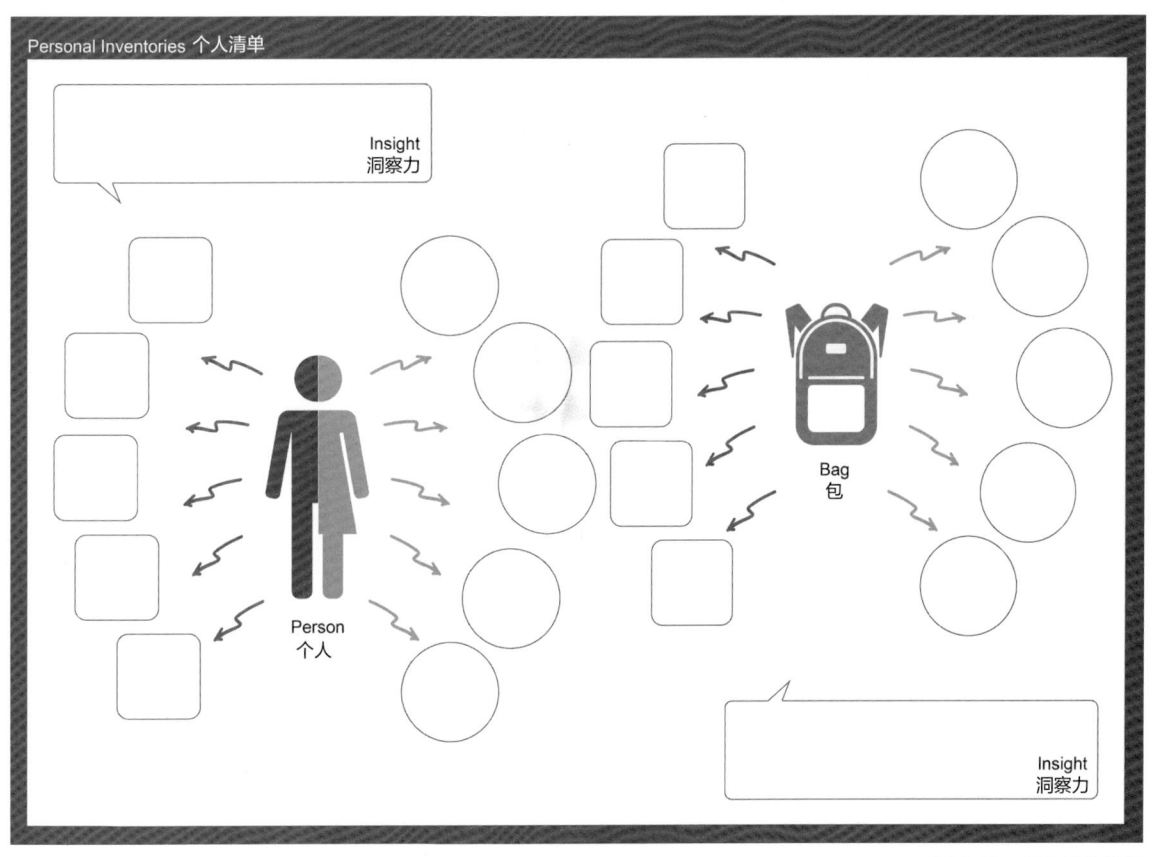

图 2.10 用户清单模板

图 2.11 关于设计师专用背包设计的用户清单调研（设计学生姓名：白云庚）

解什么是好的产品和服务体验。通过用户观察，设计师研究目标用户在特定情境下的行为，进而深入挖掘用户的真实体验。

基于用户观察法，可以建立一个用户清单（Personal Inventories）。如图 2.10 所示的用户清单模板，个人清单可以将每位用户的生活特征、个性特点等因素通过个人佩戴的衣物、随身背包中经常携带的产品得以观察、推测和证实。个人清单可以让设计人员从参与者的角度了解相关物体与用户生活之间的联系，激发灵感，产生设计主题，获得对用户群体和行为的深入理解。研究小组通过了解每一位用户的个人物品来洞察这些物品被用户需求的背后原因，挖掘用户所需的产品在用户生活中发挥的作用，从中获得启发，进而根据用户的真正需求和价值观来设计相关的产品。

如图 2.11 所示的关于设计师专用背包设计的用户清单调研，个人清单可以反映出用户的个人特点。虽然可以在工作场所中运用该方法了解人与物体之间的关系，但更常见的还是从背包、钱包、公文包或者旅行用品中选取物件列入个人清单。在调研进程中，观察者需要提出以下问题：物品在用户生活中扮演的角色及目的；他们获得这些物品的经过；物品的操作和使用的各方面；存放、展示或运输的安排；如果物品丢失、被丢弃或损坏用户会有怎样的感受；等等。因为用户的背包物品可以反射出用户的日常行为和习惯，所以设计师可以通过用户清单来获得设计的依据和灵感。

2.3.2 用户访谈

所谓一手资料,往往是指通过实地调研而直接获取的设计资源。一般获取一手用户资料的方法有两种:一种是问卷调查,另一种是用户访谈。其中,问卷调查可以大规模获取用户反馈,但其缺点是填写问卷需要花费用户大量的时间,因此得到反馈的流程不可控;此外,问卷还有一个先天不足的缺陷,就是在问卷之中每一个问题所提供的答案都存在大量有用信息遗漏的问题,而且用户的表情、举止、行为等信息都无法通过问卷表述或获取。为了更好地获取有用的用户信息,问卷调查和用户访谈可以交替进行,相互补充。用户访谈是直接接触用户的基本研究方法,通过面对面进行访问,可以在谈话中观察到用户的个人表情和身体语言的种种细节,是收集一手用户资料的典型方法。而且,用户访谈可以使用电话或者社交媒体进行远程访谈,通过用户叙述的经历及其观点、态度来洞察用户信息。

访谈可以分为结构式访谈和非结构式访谈两种形式。如图 2.12 所示的是一个结构式用户访谈内容模板,在预约用户进行一次访谈之前,设计团队需要制订访谈计划和问题清单,并向用户介绍谈话的流程和准备好的访谈清单,然后开始一次结构式访谈。根据用户的状态和环境氛围,访谈可以开放随意,但在规定的时间内访问者需要收集必要的信息。在通常情况下,结构式访谈比较正式和客观,更容易控制问题和时间,有利于进行下一步的信息分析和总结。

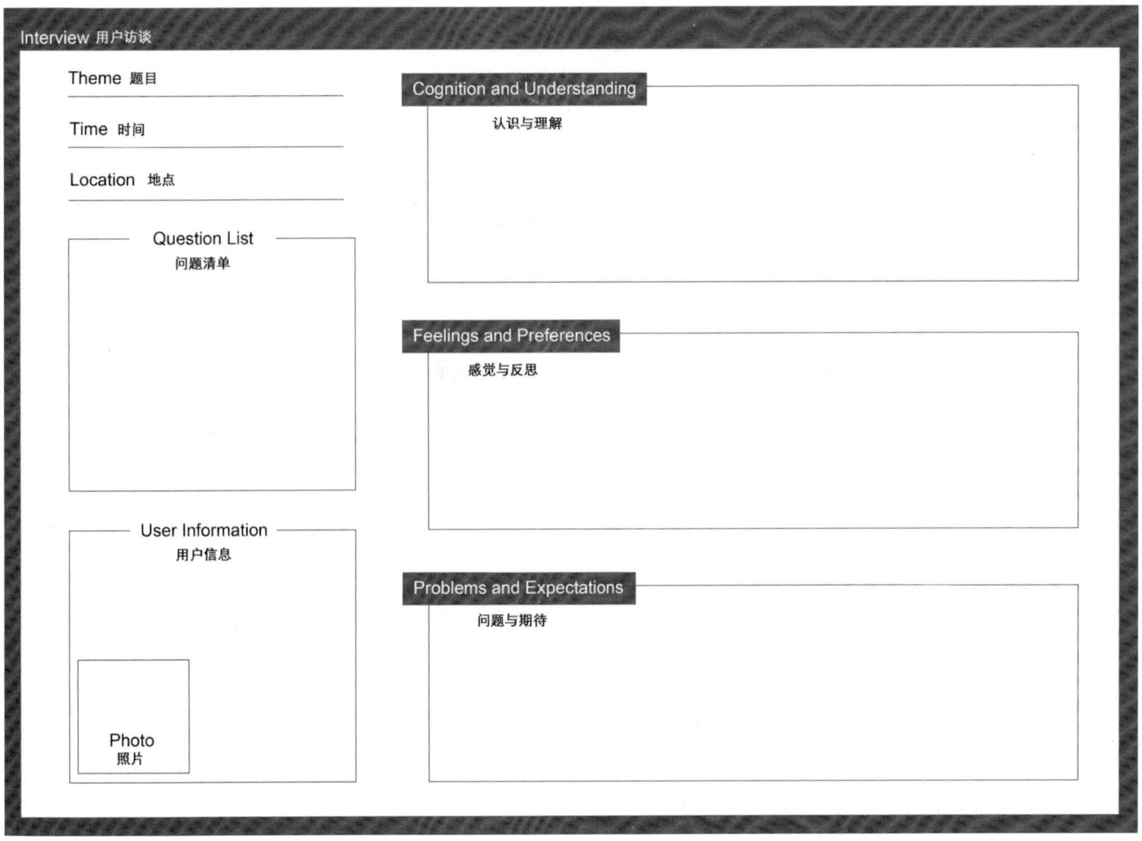

图 2.12 结构式用户访谈内容模板

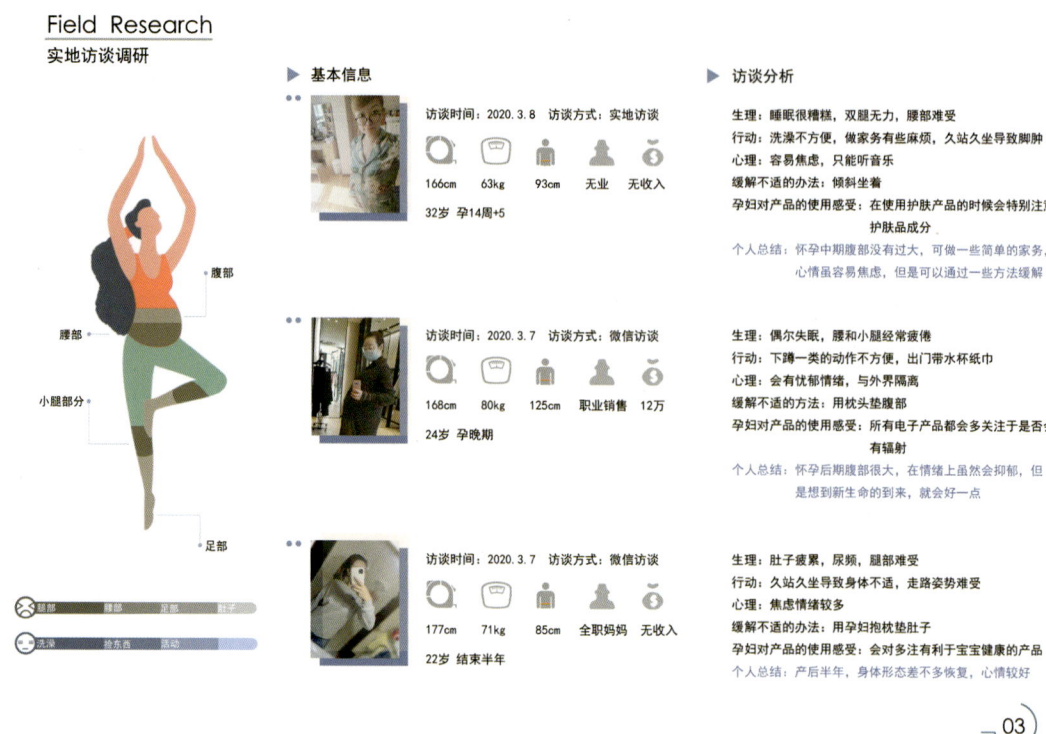

图 2.13　关于孕妇用户群体的非结构式用户访谈（设计学生姓名：李唯一）

如图 2.13 所示的是关于孕妇用户群体的非结构式用户访谈。在选择访谈用户的时候，设计团队应注意受访用户的选择要有一定的代表性，力求每个用户可以从不同的角度抒发自己对校园暴力事件的观点；同时，避免用户背景信息有过多重复而造成访谈内容过度相似，影响信息总结和分析结果。因此，每一位受访人员都应来自不同领域和背景，并讲出对这一现象的看法或者自身经历。针对不同的受访人员，访谈中的问题清单也应进行相应的调整。非结构式访谈的优点在于，让受访者放松身心，便于触及用户的真实感受。

2.3.3 用户模板

用户模板可以用来分析目标用户的原型，描述并勾画用户行为、价值观及需求，如图 2.14 所示。在设计师完成用户调研的前期工作之后，可以使用用户模板总结和交流团队所得到的各项结论。在产品概念设计过程中，在与设计团队成员及其他利益相关者讨论设计概念时，同样可以使用用户模板。该方法能够帮助设计师持续性地分享对用户价值和需求的理解和体会。在用户模板中，可以设计的信息有：人物姓名、年龄、性别等基本信息；兴趣爱好；教育背景和工作经历；个人照片；对某个与设计项目相关事件的经历描述；对于这件事件的看法和观点；需求和目标；未来面对的机会和挑战；关键信息总结；等等。

在实施用户模板法之前，需要明确的是，用户模板中建立的用户信息是综合了多组具备相似性信息用户的总和。那么，在此之前，设计团队需要通过定性研究、情景地图、用户访谈、用户观察等方法收集与目标用户相关的信息。在此基础上，可建立对用户行为方式、行为主旨、共通性群体个性的理解，通过总结目标用户的特点，依据相似点将收集的用户进行分类，并为每种用户类型建立用户模板。当用户模板所代表的性格特征变得清晰时，可以使用虚拟名字、照片、职业等将其形象化。在一般情况下，每个项目需要 3～5 个用户模板，既能保证信息充足又方便管理。

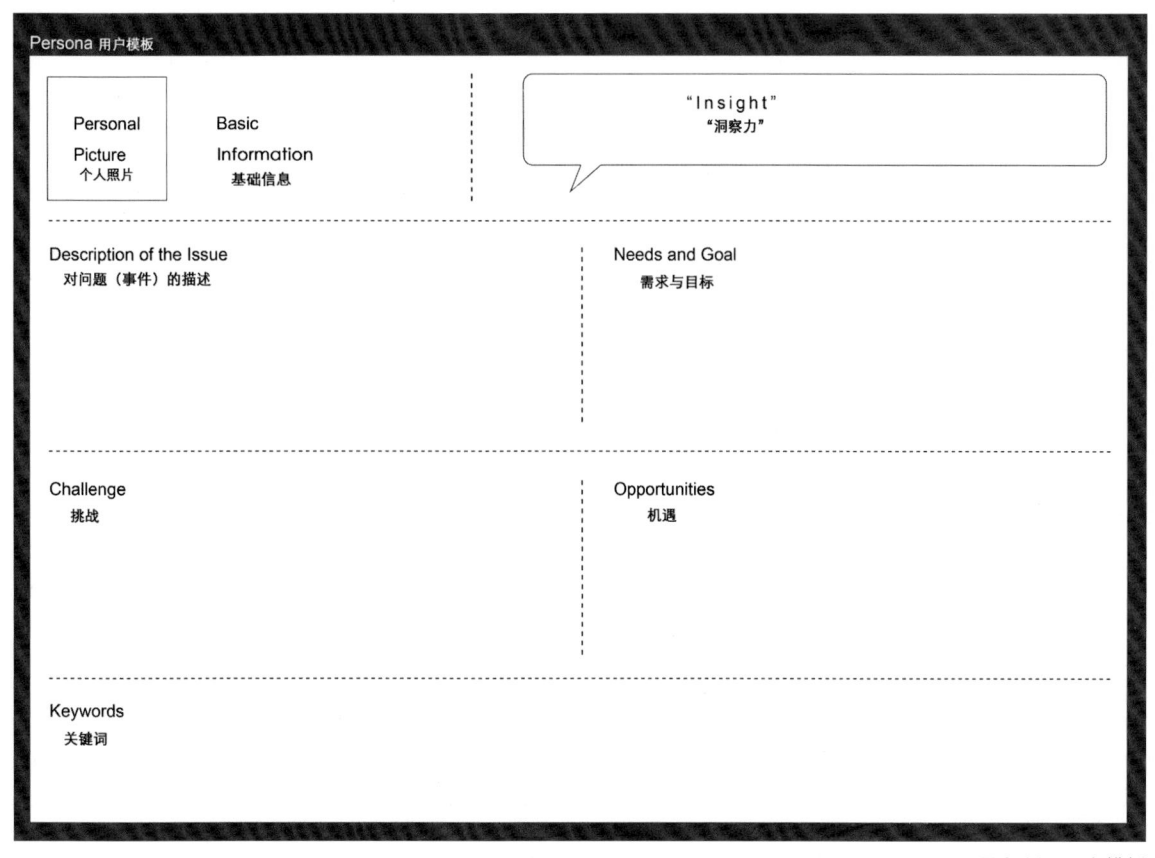

图 2.14 用户模板

图 2.15 关于疫情期间防护装备设计的用户模板（设计学生姓名：高纯健）

如图 2.15 所示的是关于疫情期间防护装备设计的用户模板，通过大量收集与目标用户相关的消息，筛选出 3 个最具代表性的目标用户模板，并运用个人信息（如年龄、教育背景、职业、收入来源、家庭状况等）和人物图片将模板人物的特征表现得更加充实。此外，每个用户模板的主要责任和对待疫情防护工作的看法也应该包含其中，进而进行相应的反思和总结，用以明确接下来的设计任务和目标。在设计探索阶段，人物模板对于了解用户来说具有重要的意义，可以帮助设计师多维度地了解消费者、理解消费者的需求和期待。

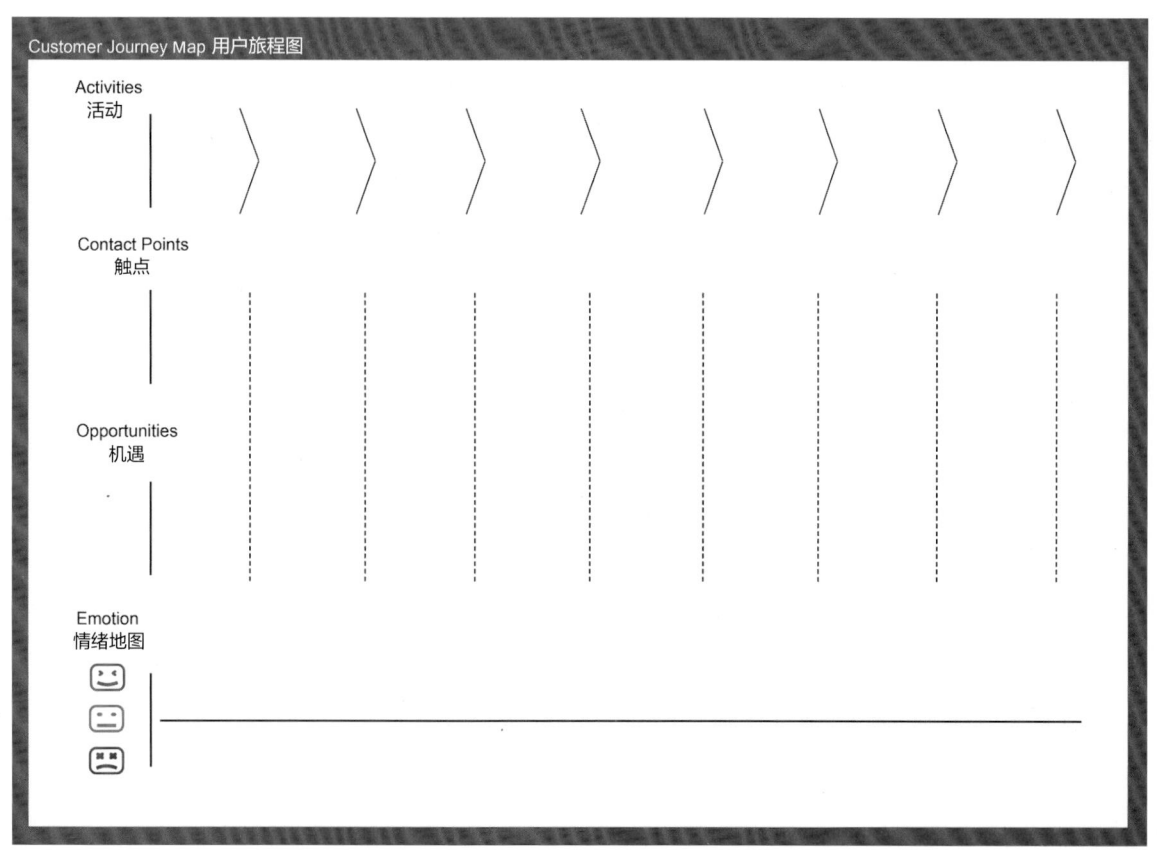

图 2.16　用户旅程图模板

2.3.4　用户旅程图

用户旅程图可以帮助设计师深入解读用户在使用某个产品或体验某项服务时，在各个阶段的体验感受。用户旅程图涵盖了各个阶段客户的行为触点、情感、目的、交互、痛点等。在一个新的设计项目开始时，利用用户旅程图可以有效地帮助设计师在设计项目接下来的各个阶段中发现自己所收集资料的匮乏之处，从而提醒其在之后的进程中补充并获取这些知识。值得注意的是，设计师可以发现用户旅程图中显示出来的痛点问题，从而改进设计。

如图 2.16 所示，设计师在制作用户旅程图时，首先需要选择目标用户并获得有用信息。然后，在模板横轴上，标注客户使用某产品过程中的用户触点，这些触点可以以图片或者文字的方式加以表述；在模板纵轴上，可记录用户在每项活动中的目标和机遇，以及随着过程的展开，用户痛点问题将在哪些环节浮现。最后，据此绘制用户旅程图。

如图 2.17 所示的是关于某工业博物馆使用

体验的用户旅程图,图中记录了儿童在医院体检过程中的行为、体验、关于医院服务的看法,在接受体检过程中和使用体检公共设施时的心理活动(正面、负面和中性状态)。然后,根据用户体验的起伏制作用户旅程图,可以帮助设计小组确定用户在什么时候会对体检设施时产生强烈的情绪反应,哪些环节需要重新设计,进而改进不足之处。用户旅程图可以帮助设计师明确客户认为哪些互动或者服务是有必要的、哪些部分已到达用户满意程度、哪些部分是微不足道的、哪些措施是完全失败的等。

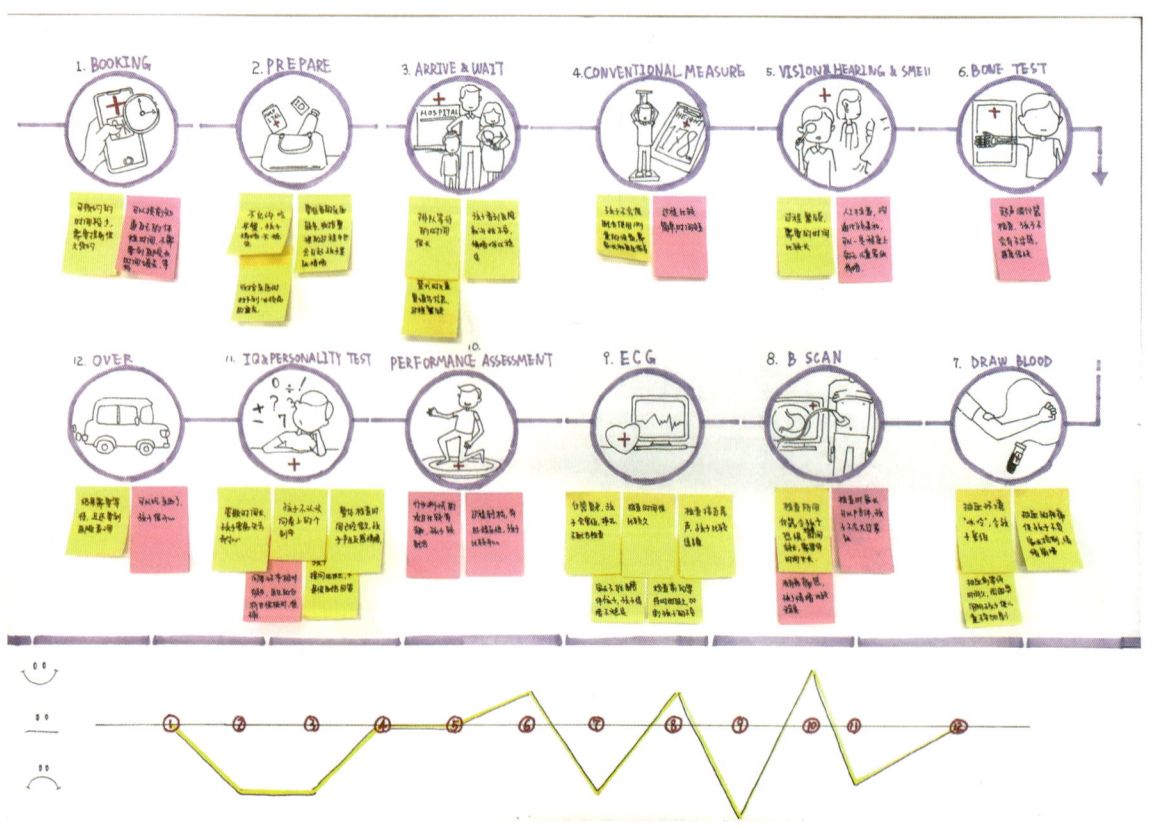

图 2.17 关于儿童体检过程的用户旅程图(设计学生姓名:张巧彤)

2.4 环境调研

对产品设计的环境调研可以围绕产品的生产环境、产品的使用环境、产品的回收和降解环境等方面展开。从产品所处的具体背景环境中，设计团队可以获得产品设计立题的必要性和价值。例如，许多关于环境保护的设计课题都会从背景环境调研中获得设计的立意和目标方向，通过环境恶化的各项数据和世界各国受到环境恶化的影响实例，来证实课题来源的可靠性和设计内容的必要存在价值。除此之外，环境调研可以让设计团队明确产品与用户之间的互动关联，以及受到环境影响，用户行为发生变化后，将如何对产品产生反馈和影响。总而言之，环境调研对"人—机—环境"系统调研内容进行了充实和完善。

2.4.1 AEIOU 法

AEIOU 是一种对活动（Activities）、环境（Environments）、互动（Interactions）、物体（Objects）、用户（Users）进行分类的组织框架，引导研究人员观察、记录和编辑由这些关键信息得到的设计调研内容。在进行这项调研方法之前，设计团队可以先在脑海中形成一个大致的调研框架。如图 2.18 所

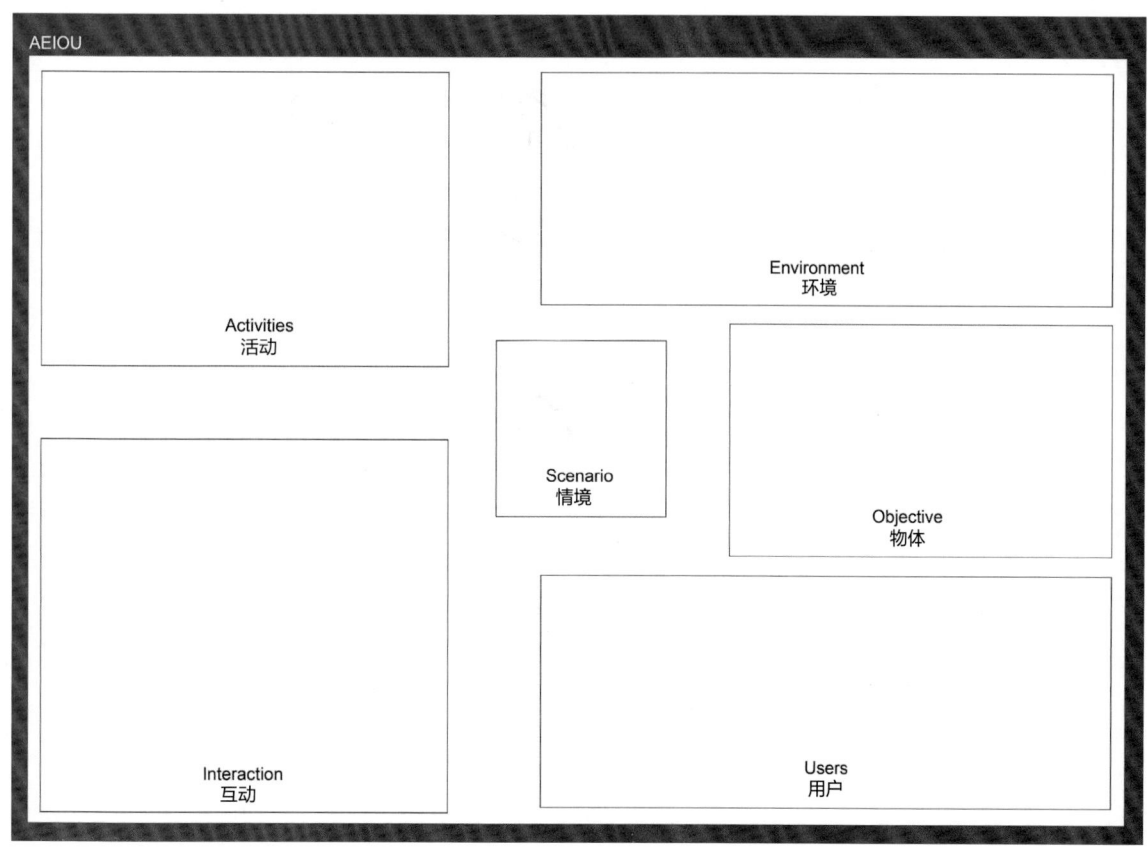

图 2.18 AEIOU 模板

图 2.19 关于海洋生态保护课题的 AEIOU 调研（设计学生姓名：王莐）

示的 AEIOU 模板，先将相关内容进行视觉化呈现，再将收集的信息粘贴到相应区域，引导设计人员注意其中的关键信息。

虽然在 AEIOU 模板中，为了设计人员方便理解，将各项内容进行了拆分，但框架中的每个元素都不是孤立的。其中，活动（Activities）是一系列具有目标导向的行为；环境（Environment）包含活动发生的所有场景；互动（Interaction）是介于人与人之间或者人与物之间的相互交流，是活动的基石；物体（Objective）是环境的基本组成部分，在复杂或者无意识的使用中，物件本身有时会是关键性的组成因素；用户（Users）指的是行为、喜好和需求被观察的那些人们。设计团队可以利用 AEIOU 模板先记录每个部分，然后将这些因素进行汇总，综合分析这些信息后，便可以得到设计理念和设计定位。

如图 2.19 所示的是关于海洋生态保护课题的 AEIOU 调研，分别对海洋环境背景下的活动、环境、互动、物体、用户因素通过照片的形式进行观察记录和信息整理。当学生将这些整理好的信息在同一个界面进行展示时，发现又可以对这些元素之间的相互关联进行更深层次的分析，获得这些元素背后的信息。当设计调研人员从事件表面信息获取更深层次的反思和总结后，他们距离准确的设计目标就更进了一步。

2.4.2 生态设计清单

生态设计清单包含一系列有助于分析产品对环境影响的问题列表。这些问题可以帮助设计人员弄清楚当前设计的背景环境，并找到影响产品生命周期中如何解决环境问题的生态瓶颈。生态设计清单有利于产品设计团队制订正确的环保保护计划和产品设计成本预算。这个方法适用于产品设计概念调研阶段和课题评估阶段，可以有效地避免在接下来的产品设计、开发、投产、营销阶段对环境产生的负面影响。

使用生态设计清单的前提是已经具备一个产品的设计课题或者设计概念。如图 2.20 所示的生态设计清单模板，第一部分是用户的需求分析，其中包含一系列与产品整体功能相关的问题。与需求相关的主要问题是，该设计概念在何种程度上实现了主要功能和辅助功能。设计团队需要首先考虑好这个问题，然后对图表中各个部分与原有概念进行对比和分析，并找到产品概念在整个生命周期（生产、分销、使用、回收和丢弃）内的不同阶段会出现的生态问题。面对这些问题，设计团队应该在其中找到设计创新的机遇；面对生态瓶颈，设计团队应该优化概念或者生产技术。这样不仅可以降低材料使用和生产成本，而且可以引导产品实现局部甚至全面升级换代。

概念层面/需求分析	产品零部件层面/材料和零部件的生产技术	产品结构层面/内部生产	产品结构层面/产品分销	产品结构层面/产品应用
新概念开发 产品非实物化/共享使用/功能整合/功能优化	选择低环境影响的材料 清洁/可再生/低能耗/循环使用/可回收材料 减少材料使用量	优化生产技术	优化分销系统	降低产品在使用阶段对环境的影响
产品系统层面/回收和处理		优化产品初始生命		优化报废系统

图 2.20　生态设计清单模板

图 2.21 关于沙漠植树课题的生态设计清单（设计学生姓名：张天一）

生态设计清单通常包含两个部分的内容：一是产品对环境影响的相关问题；二是针对每个问题的改善方案。如图 2.21 所示的是学生为沙漠植树课题而制作的生态设计清单，从植树的成本、植树的方式、使用的材料属性、适用的环境分析等环节进行系统调研和分析，通过生态调研力图鼓励设计团队关注再生材料在该设计概念中的运用。清单中的条目在理想状态下应该是完整且全面的，但由于现实情况限制往往并非如此，对于一些无法获取的设计信息空缺，可以运用常识和逻辑思维对清单进行整理，使其更加符合项目的情境。

2.5 技术调研

当工业 4.0 和第四次工业革命的浪潮席卷而来之时，人工智能产品设计已经影响产品设计领域的方方面面。其中，最重要的影响主要体现在产品技术与制造方面。对于产品技术的调研，一般围绕产品设计中的材料、结构、功能因素展开，着重探讨新的材料属性和制造工艺、成型技术方法。对于产品设计而言，设计创新往往伴随着技术变革、在产品设计时新的观念的提出，还需要寻找有效的技术支撑，以证实设计方案的可行性。

如图 2.22 所示的是关于裸眼现实技术的设计调研。这个设计是一种可以在裸眼状态下，通过吊灯或吸顶灯将屏幕投射在空气中的悬空式交互界面，可用于公共餐饮场所，方便用户点菜或进行互动游戏。对这种技术可行性的掌

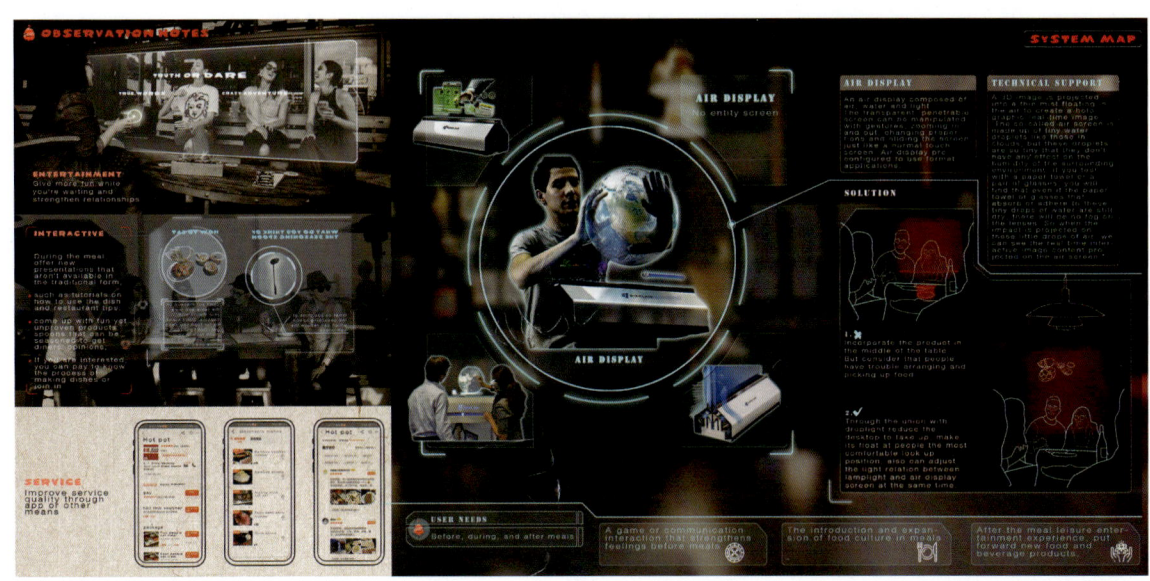

图 2.22 关于裸眼现实技术的设计调研（设计学生姓名：葛乃茹）

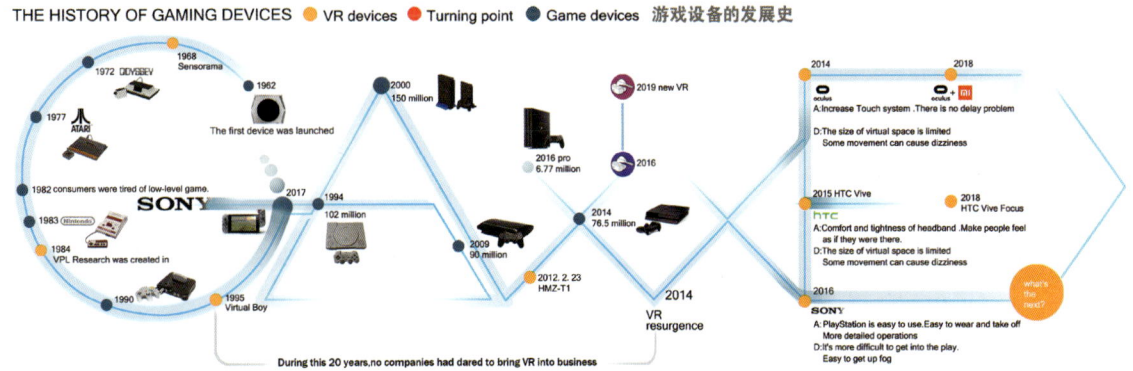

图 2.23 关于可穿戴式游戏设备的技术调研（设计学生姓名：刘华琛）

握，是将该技术应用于具体产品课题中的重要依据。作为年轻的产品设计师，许多设计师都希望自己的设计可以从概念转换为制造。为了实现这个目标，设计师需要了解产品设计开发的整个过程，仅仅做出抽象的、没有实现可行性的概念设计是完全不够的。

图 2.24　关于可吸水材料的调研（设计学生姓名：苏悦）

如图 2.23 所示，学生为了更好地完善未来可穿戴式游戏设备的设计，在技术调研部分引用不同年代的游戏技术变革作为依据，同时阐述了未来游戏领域的引领趋势与技术发展。在设计过程中，团队需要与制造商建立清晰的沟通机制，这有利于提高产品设计与制造的效率。特别需要注意的是，在设计调研中，设计师需要了解工厂的制造流程，对于制造技术，可以向团队和制造商提出自己的见解，因为这也是设计创新的机遇。应对产品设计课题，设计师应与制造商、工程师协同工作。面对未来情境，设计师还要学会与智能机器设备共同完成设计（如利用 3D 打印机完成设计实验）。当设计项目中出现技术问题或者制造问题时，设计团队应在短时间内找到合理的解决方案。

一个优秀的产品设计项目的实现过程相当于利用合适的材料、合理的技术创造理想产品的过程。因此，材料往往结合技术，对产品的顺利开发提供有力的支撑。材料的选择直接关系产品设计的成败，与材料调研直接关联的是产品的性能、生产成本和用户需求。如图 2.24 所示，在进行材料调研过程中，需要考虑产品的功能特点、产品的使用环境和极限条件，以及产品外观材料的质感，这些因素都要与产品材料属性相匹配。设计师需要清晰地意识到设计对环境方面的影响，因此，使用绿色环保或者可再生材料，是有益于产品拆解回收、具有良好社会和经济价值的设计行为。此外，对于产品外观设计而言，材料的触感、质地、透明度、硬度或吸光率等，都会影响消费者对产品的印象和喜好，这也将决定产品的自身价值。

2.6　目标定位

产品设计的过程是一次解决问题的过程。在解决问题之前，设计师首先要明确的是，设计是否在正确的轨迹上着手于解决正确的问题。因此，寻找并设定正确的设计目标是设计问题得以解决的重要前提。设计目标与定位往往应用于设计调研的末端，当一个设计目标被界定时，往往也意味着目前市场上对此类产品存在问题的解决方案和产品还有待升级或存在空缺，而带有明确设计目标的概念开发可以为设计的改良和创新提供发展缝隙。设计目标定位这个阶段的到来，预示着正式的设计创新和实践将拉开帷幕。

【关于宠物护理产品的设计定位（设计学生姓名：张雨萌）】

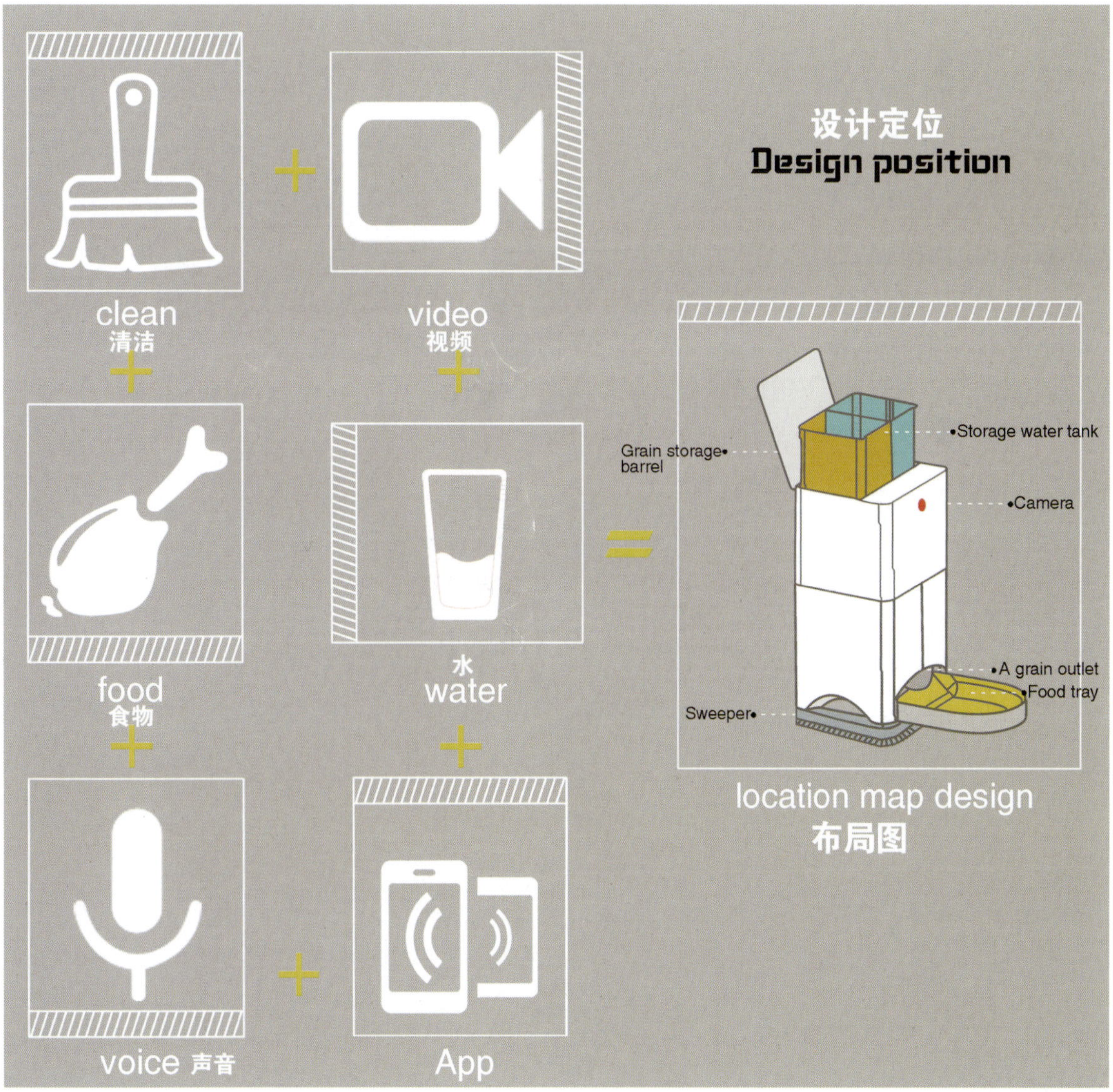

图 2.25　关于宠物护理产品的设计定位（设计学生姓名：张雨萌）

对于设计团队来说，应思考如何逻辑清晰地解释设计目标或者设计定位。尝试回答以下10个问题，可以让设计团队接下来的设计思路更加清晰：其一，这个产品主要解决的问题是什么？其二，谁会成为目标用户？其三，与当前环境相关的因素有哪些？其四，目标用户的需求和期待是什么？其五，这个设计中会存在哪些影响进展的负面因素？其六，产品将如何工作？功能将如何使用？其七，产品的竞争优势是什么？其八，产品设计中运用了哪些设计语言？其九，产品的预期市场容量有多大？其十，产品是否考虑对环境的影响问题，包括产品的生命周期、回收问题、废物处理、量产的能源利用情况等？如图2.25所示的是关于宠物护理产品的设计定位，将以上问题的答案整理成结构清晰、条理清楚的文字或图片信息，便可以得到一份逻辑清晰、明确的设计定位了。

2.6.1 商业画布

商业画布是探索概念产品是否具备商业运营模式的检验工具，可以用于评估产品前期阶段的商业雏形，也可以用于分析企业现有商业模式中存在的优势、劣势、威胁和机会。如图2.26所示，商业画布模板将整个画布分为9个区域，分别是设计面临的问题和目标、设计问题的解决思路、设计概念所具有的独特价值、设计概念具备哪些绝对优势、设计的目标用户、设计开发所具备的核心资源、设计渠道、成本结构、收益方式。在图中，每个区域都有其特定的功能，设计团队可以通过箭头或者手绘符号标明某些板块之间的联系。

商业画布可以帮助设计师认清正在进行的项目或者设计的产品与经济、环境等因素之间的关系。在设计概念生成的过程中，商业画布也可以让设计团队有效地评估设计、做出定位并完善设计创意。在这个阶段，设计团队需要联合相关企业共同预测这个设计概念。这个概念不仅能够满足企业获得回报和利润的预期，而且设计项目可以强化设计团队所服务的公司在市场的竞争地位。

如图2.27所示的是关于可以共享儿童剩余玩具或衣物的app商业画布。该设计项目是关于一个可以共享儿童使用过的玩具或衣物的app，设计团队准备了一张A2纸张打印商业画布，然后以头脑风暴的形式开始讨论。使用剪贴卡填写商业画布的过程，能够促使整个设计团队对设计项目的商业模式进行分析、讨论，从而激发设计团队的集体创造力。值得注意的是，商业画布是一个相对概念化的商业模式构想，并不需要在图中填入精细的投资回报数据，但也要保证一些重要信息（如解决方案、目标用户等）的真实性。

第 2 章 课题选择与调研 / 029

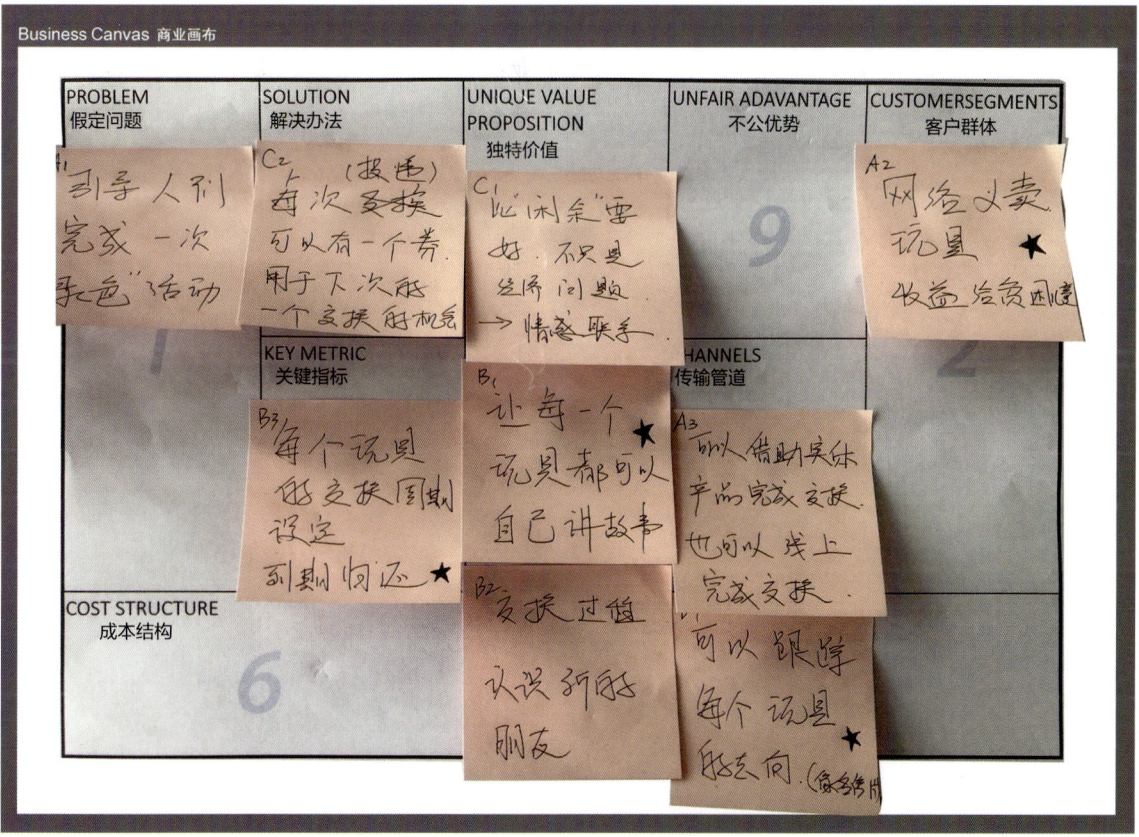

图 2.26 商业画布模板

图 2.27 关于可以共享儿童剩余玩具或衣物的 app 商业画布

2.6.2 故事板

故事板是一种用视觉方式讲述设计来龙去脉的方法，可以用于设计前期陈述设计概念，也可以用于展示后期产品效果图、情境展示和使用过程。如图2.28所示，故事板模板中汇集了使用说明性的图画、图表，力图向观看者展示设计的目标用户、使用情景图、使用方式和使用时间、地点。故事板在替代文字描述为用户解释设计意图的同时，设计团队也可以跟随故事板体验用户与产品的交互过程，并从中获得启发。因此，故事板可以随着设计流程和方案改进流程的推进而不断改变。

在设计初始阶段，故事板可以是简单的手绘草图，在图形、图画的周围标注一些设计师的评论和建议。随着设计流程的推进，故事板的内容可以逐渐丰富，也可以融入更多的细节信息。在设计定位阶段，故事板会帮助设计师探索新的创意并做出决策。总的来说，该方式能够有效地替代枯燥的文字进行视觉化的概念设计效果呈现，而且这种方式更加形象，可以将用户带入具体情境中，去引发设计或者灵感的共鸣。

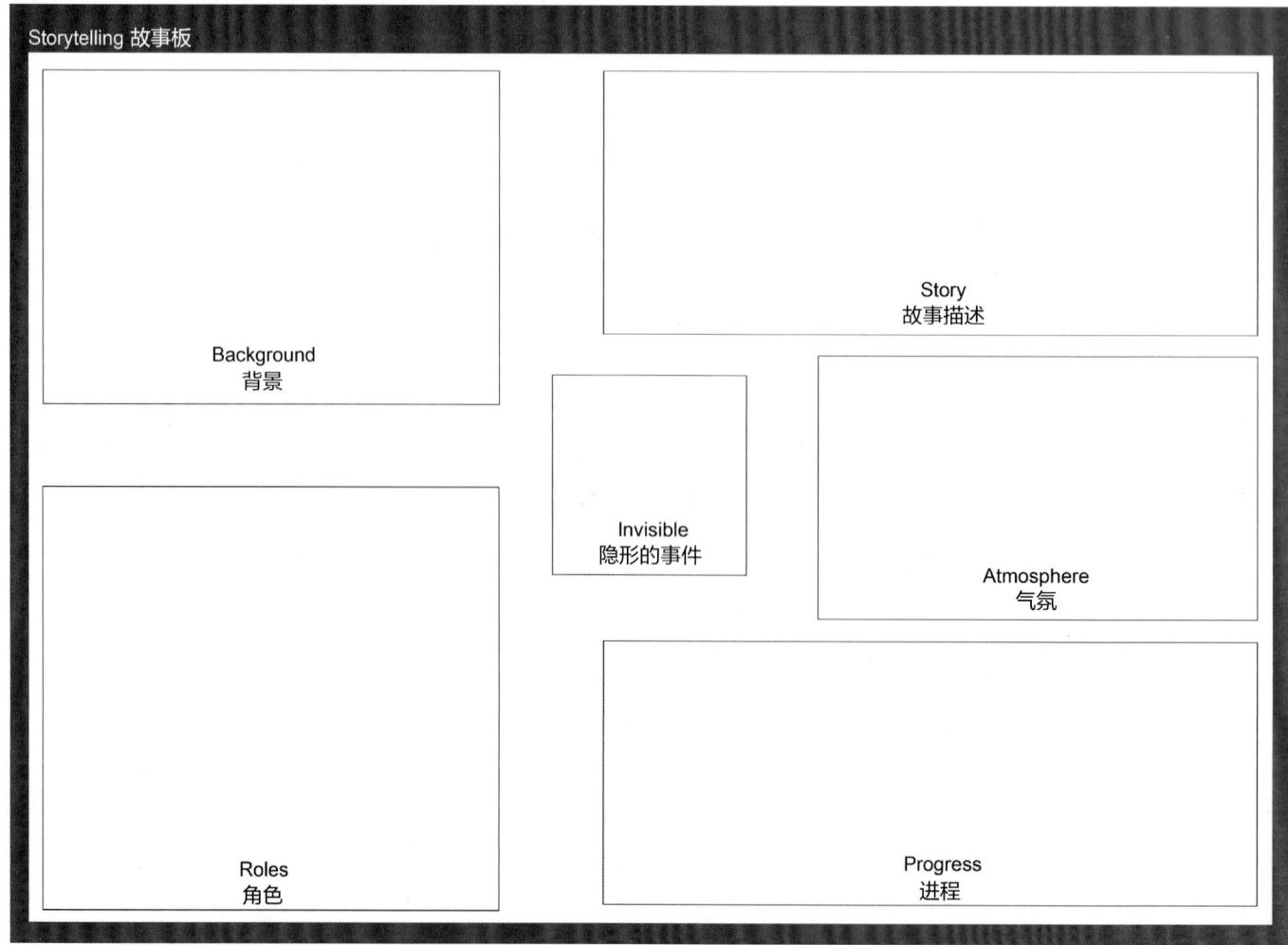

图2.28 故事板模板

图 2.29 故事板（设计学生姓名：陈妍）

如图 2.29 所示的故事板，即便用简单的草图表现，故事板所呈现出的视觉元素和故事性也极富感染力。因此，这种方法能够使读者对完整的故事情节一目了然。故事板有的时候类似于漫画与影视作品，其中涵盖的信息非常丰富，包括：用户与产品的交互发生在何时何地；用户与产品在交互过程中发生了哪些行为；产品是怎么使用的；产品的工作状态；用户的生活方式；用户使用产品的动机和目的是什么；等等。这些细节信息都可以通过故事板的方式清晰地呈现出来。

如图 2.30 所示的故事板，设计师可以在故事板上添加文字辅助说明，这些辅助信息在设计讨论中能够发挥出重要的作用。作为一种图文兼备的交互概念图板，无论是图中的视觉元素还是文字信息，都可以用于交流和评估产品设计的概念。用于引发设计创意联想的故事板往往采用较为粗略的视觉表达方式，而用于展示产品概念设计方案的故事板通常需要具备完善的细节，使观察者获得干脆利落的信息体验。此外，在设计流程的末期，设计师依然可以依据完整的故事板，反思产品设计的形式、产品蕴含的价值及其内在的品质。

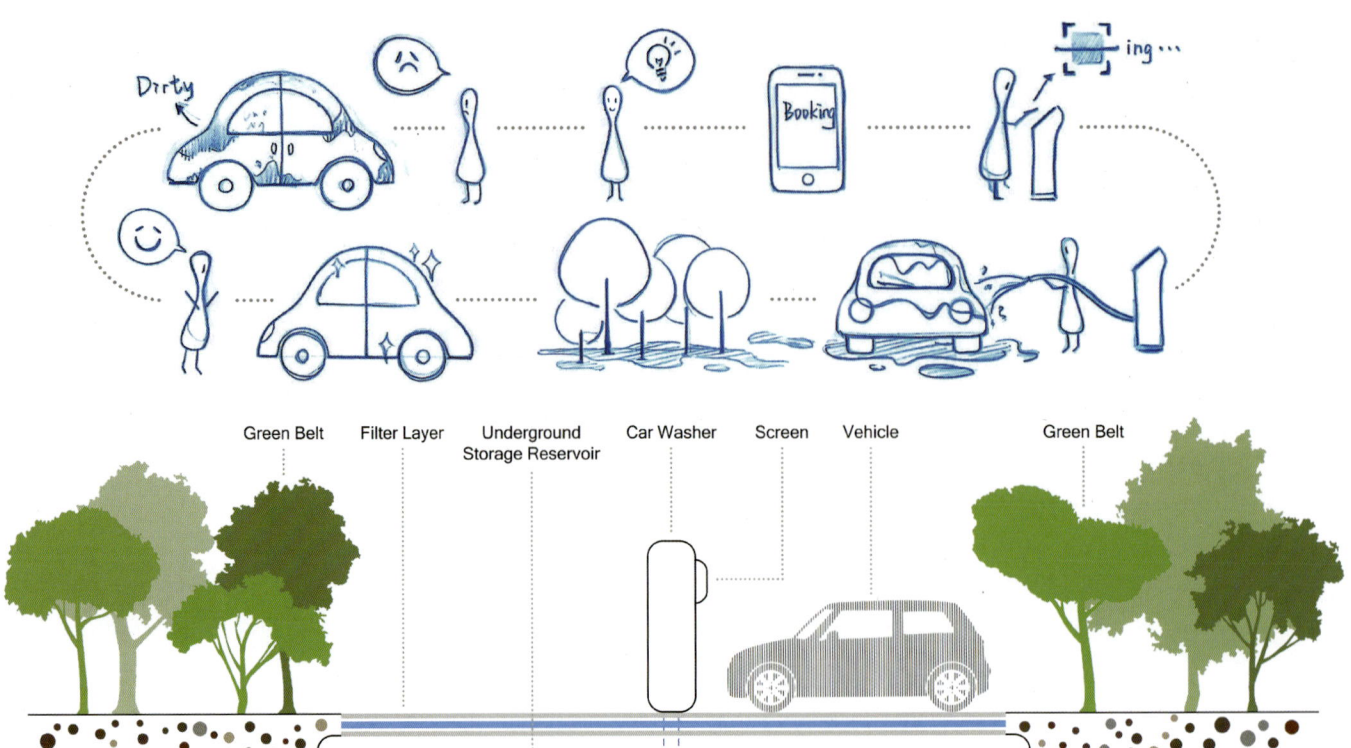

图 2.30 故事板（设计学生姓名：侯佳琪）

本章思考题
(1) 如何进行课题评估?
(2) 如何对目标品牌和竞品品牌开展市场调研?
(3) 如何通过用户调研论证以用户中心的设计思路?
(4) 环境调研的重要意义有哪些?
(5) 技术调研可以为设计提供哪些依据?
(6) 如何做出理想的设计定位?

相关知识链接
(1) 用户访谈
参见: Steve Portigal, 2015. 洞察人心: 用户访谈成功的秘密 [M]. 蒋晓, 戴传庆, 孙启玉, 张振东, 译. 北京: 电子工业出版社.
(2) 用户体验地图
参见: EXPERIENCE DESIGN STUDIO 体验设计工作室, 2015. 体验设计: 创意就为改变世界 [M]. 赵新利, 译. 北京: 中国传媒大学出版社.
(3) AEIOU 法
参见: 贝拉·马丁, 布鲁斯·汉宁顿, 2013. 通用设计方法 [M]. 初晓华, 译. 北京: 中央编译出版社.
(4) 生态设计清单
参见: 代尔夫特理工大学工业设计工程学院, 2014. 设计方法与策略: 代尔夫特设计指南 [M]. 倪裕伟, 译. 武汉: 华中科技大学出版社.

第3章
产品设计创意方法

本章要点
- 寻找设计的源头问题。
- 限定因素内创新。
- 探测未来的设计趋势。

本章引言

本章将介绍多种实用的设计创意方法,在设计前期帮助设计团队围绕课题进行创意发散。值得注意的是,创意不会在某个特定环节、特定时间产生,这也是设计创意学习过程中的难点。但是,创意可以随着设计调研的不断深入,等设计定位逐渐清晰之后,就会逐渐产生。设计团队需要充分考虑项目的限制性条件,通过集思广益,在排除不切合实际、难以实现的想法之后,成熟的创意和点子就会不断涌现出来。同时,设计师的创意思维是可以通过方法总结和经验积累不断成长的。面对新的课题和未知的挑战,创意方法可以帮助设计团队做出理性的判断和提出行之有效的创新思路。

3.1 比喻和隐喻

比喻和隐喻都属于类比思考的范畴。比喻思考是从灵感源或启发性思路开始的,通过创意的方式对设计的目标领域或待解决问题进行类比思考的过程。设计师可以利用比喻思考得到诸多启发,并衍生出新的设计解决方案。比喻思考可以透过另一个领域来看待现有的问题,进而激发设计师的灵感,并且找到探索性的问题解决思路。比喻思考通常用于设计的概念生成阶段,该方法会以一个明确定义的设计问题为起点。使用比喻方法时,灵感源可以与现有问题的关联很近,也可以没有明显联系,而且,联系不明显的灵感源对于设计任务而言,会比较容易激发更有创新价值的想法。例如,想要设计一个办公空间的空调系统,通过比喻思考,可以将汽车、飞机的空调系统的设计因素融入其中。想要获得更好的创新思路,设计团队还可以调研与之关联更远的类比对象,如研究具备自我冷却功能的白蚁堆如何实现生物制冷功能,进而研发一套可以通过生物能源自给自足的办公空调系统设计。

那么,为了获得更好的使用比喻思考,首先应该收集相关的灵感源。想要得到更出色的创意想法,可以从与目标领域关联较远的领域进行搜索,如图 3.1 所示为设计师借助此

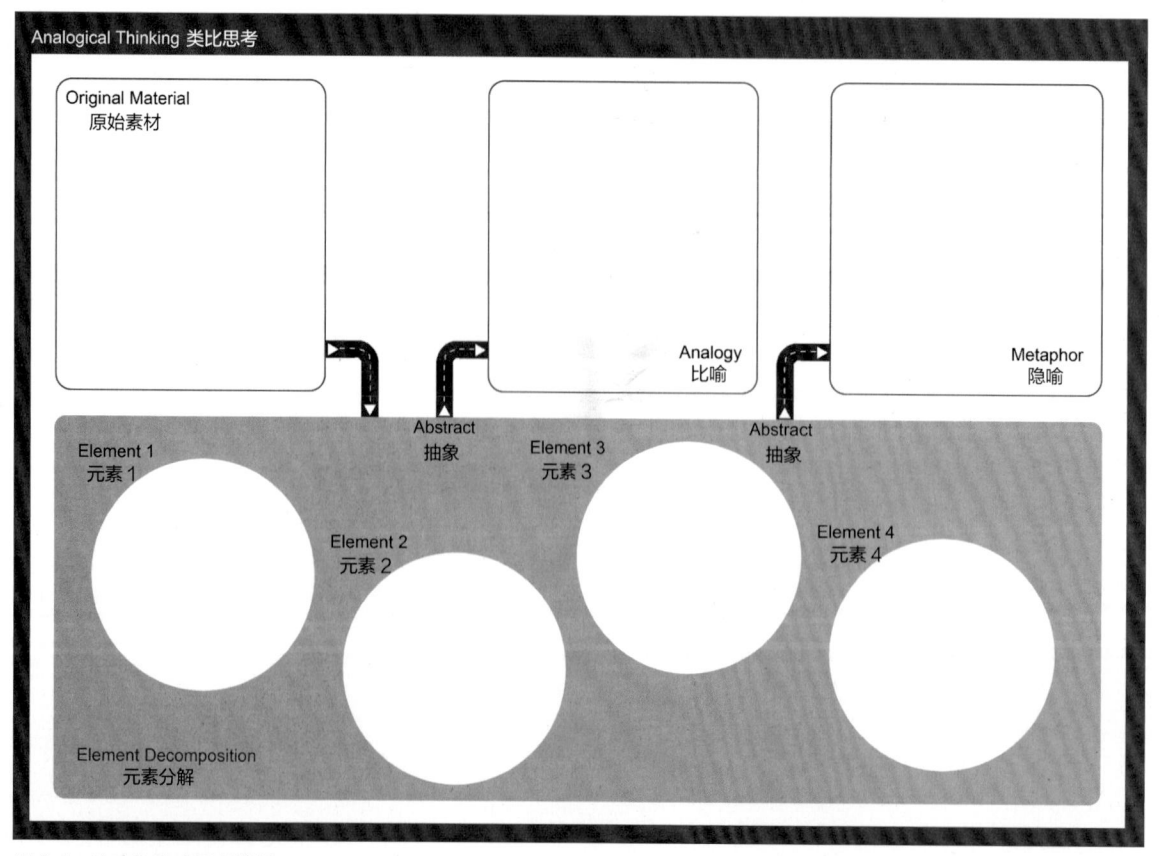

图 3.1 比喻和隐喻思考模板

方法进行创意思考的模板。设计团队找到可以启发设计的切入点之后，需要再次明确所找到的设计切入方向是否适合，并与设计之间建立的联系是否理由充分。接下来，再思考如何将新的创意灵感运用到需解决的设计项目之中。在这个阶段需要注意的是，切勿在设计时直接照搬灵感源的表象特征，在运用之前，需要对灵感源的各项属性进行评估并提取可以深入展开设计的相关元素，尝试建立灵感源与目标设计领域的必然联系，并将所需灵感特征抽象化后应用于潜在的解决方案之中。因此，设计师是否具有良好的特征抽象化能力，这将是决定创意和设计启发性的关键之所在。

在进行比喻思考时可以参照以下流程。首先，清楚地表达设计任务和需要解决的设计问题，并且明确表达想通过新的设计方案为用户带来哪些新的收获和用户体验。其次，开始搜索能够为该设计提供启发的各种事物，这些事物最好和设计目标没有明显的关联。最后，尝试将寻找到的事物或者元素加以应用，注意要提取已有元素之间的关系，理顺处理灵感的来源逻辑。此外，在建立设计与灵感的关系时，需要将灵感素材抽象化处理，并在适合的领域通过变形与转化解决设计问题。如图 3.2 所示为一个学生的作业，该学生试图从马蹄莲花中抽象提取设计语义的过程。

接下来，介绍另一种类比思考方法，即隐喻。隐喻思考则有助于向用户交流特定的信息，该方法并不能直接解决实际问题，但能够形象地表达产品的意义。例如，可以赋予某个概念个性化的特征（如新奇的、个性化的、中性的、值得信赖的等），从而激发用户特定的情感。使用隐喻方法时，应该选择与目标领域关联较远的灵感源，较有成效的做法是先找到需要在设计概念中强调的某种特质，再找到包含这些特质的象征物。运用隐喻方法时，应试着与本体建立虽含蓄但又能明显辨别的联系。但是，无论如何都要避免直白地运用象征物本体，否则设计很可能得到一个落为俗套的产品。

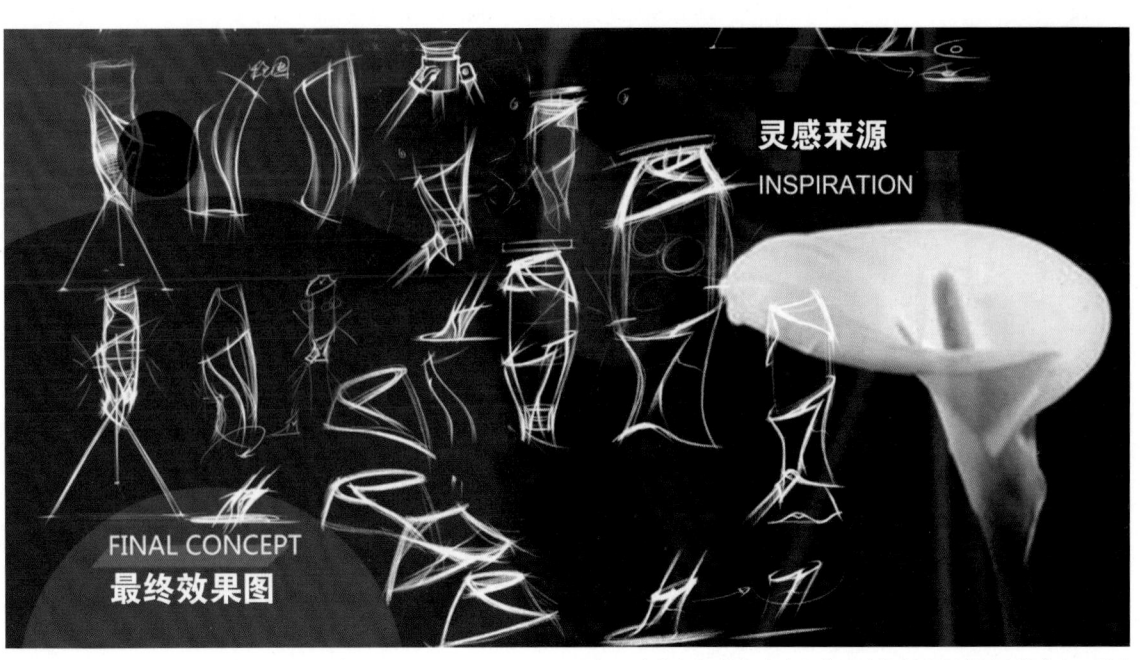

图 3.2　具象元素抽象化转变为产品的设计案例（设计学生姓名：王愫）

3.2 接力思考

接力思考是一种需要多人共同参与的书写式头脑风暴法，常被用于创意的初期阶段。这种创意方法需要参与者将自己的想法记录于纸上，依次传递给其他参与者，其他参与者加入新的想法并通过传递往复进行几次之后，每一位参与者都可以在别人的想法的基础上拓展出新的想法。与头脑风暴法相同的是，接力思考也要建立在"数量就是质量"这一原则之上。在明确了设计问题和设计要求之后，接力思考可以帮助设计团队摆脱一些限制条件的束缚，完成一些本质上的设计创新。

在一般情况下，一次书写式接力思考的参与者数量应在4～8人，每一位参与者用几分钟时间在纸上写下自己的各种想法，随后将手里的纸条传递给身边的参与者。在一次次的接力传递过程中，新的想法和概念会在已有想法的基础上被激发出来。其中，有一种广为人知的接力思考模板，被称为635法，如图3.3所示。即一共有6名参与者，每个人在5分钟内写出3个想法并传递给身边的参与者，直至自己最初的想法被传递回来。根据此方法，在短短的30分钟内，就可以产生6×6×3=108个新的想法。

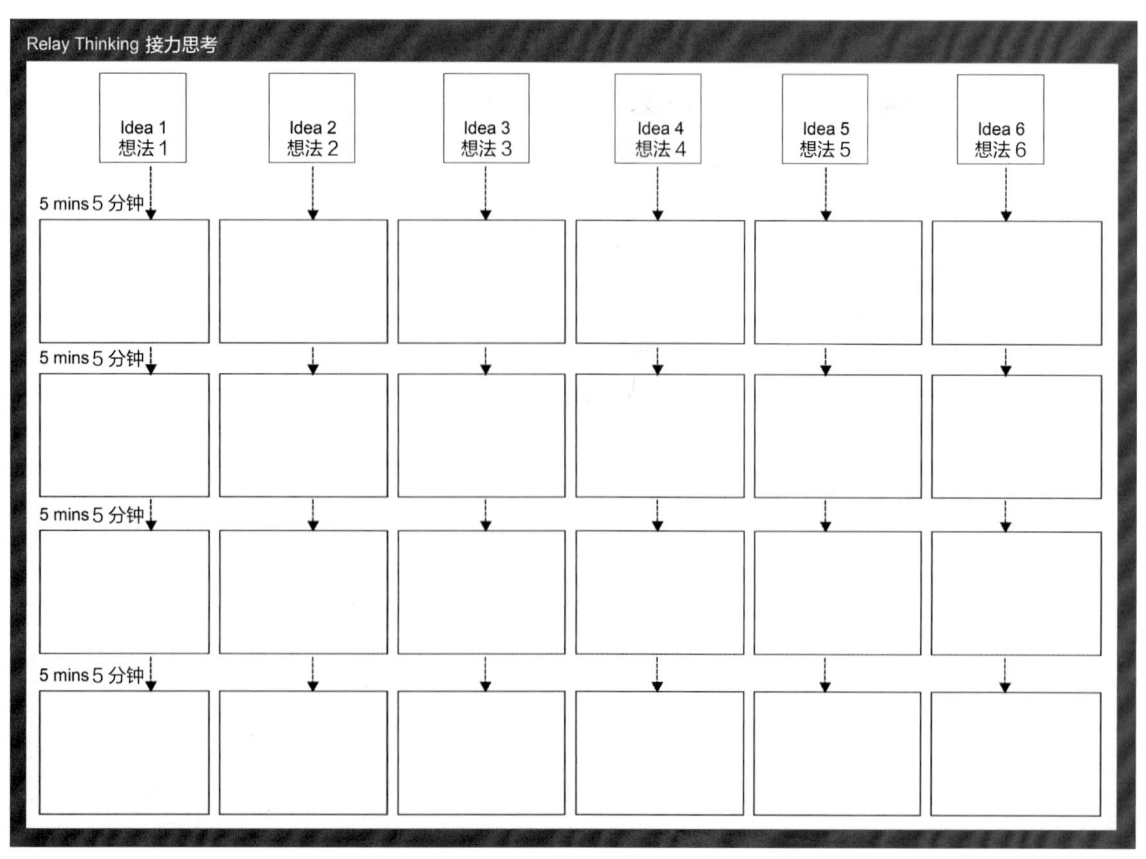

图 3.3　接力思考模板

图 3.4 设计团队的学生进行接力思考的场景（一）

进行接力思考的主要流程是：首先，定义设计问题。团队共同拟订一份设计问题说明，然后挑选参与设计创新的人员，并介绍整个设计创新的流程，其中必须包含时间轴和需要使用的创意方法。其次，从定义问题出发，发散思维。在接力思考正式开始时，先在白板上写下问题说明，并为参与者准备充足的纸张和画笔，以及其他可能会被使用的工具。接下来，将所有创意列在一个清单中，对这些得出的新想法依次进行评估并归类。最后，设计团队需要利用聚合思维选择出最令团队满意的创意想法，或将有可能组合的想法进行合并，进而清晰地描述设计项目的创新点和目标。

在使用接力思考时，需要遵循以下原则：第一，延迟评判。在创意接力时，每个成员都要尽量摆脱设计的束缚条件，暂时抛开设计的实用性、重要性、成本、材料、可行性因素等因素；更为重要的是，不要对其他人提出的不同想法提出异议或者批评。该原则可以确保最后能产生大量不可预计的创新联想，也会确保每一位参与者在相对舒适的空间中发挥想象力。第二，鼓励随心所欲地提出新的想法，并且涉及的内容越广越好。第三，鼓励参与者积极对他人的想法进行补充和拓展，通过团队协作产生更好的想法。第四，追求想法数量胜过质量。由于参与创意接力的参与者要以极快的节奏发散出大量的想法，所以在这个阶段团队成员可以互相鼓励和启发，但是尽量做到不要互相干扰。设计团队的学生进行接力思考的场景如图 3.4 和图 3.5 所示。

图 3.5 设计团队的学生进行接力思考的场景（二）

3.3 用途拓展

用途拓展是一种创新理念和思维模式,通过将产品的功能向其他领域或应用情境中拓展,进而使其他领域的产品可以获得启发以完善其功能和用途;与此同时,还可以将其他领域的功能和价值转移到目标产品之中,进而完成目标产品的改良甚至创造出一个创新的产品。因此,用途拓展可以是局部进行的创新模式,也可以是具有颠覆性的创新模式。产品的用途拓展可以包括产品的功能、结构、技术及应用场景等,根据产品用途拓展程度(跨场景、跨行业)和产品功能变化程度(功能变化小、功能变化大),可分为四种模式,如图 3.6 所示。总之,无论产品如何拓展,产品核心的功能背后的技术和原理不应轻易转变,因为产品用途拓展和创新的目的是产品的原理和技术在更多领域、更有价值的环境中得到适当应用,并为更多用户解决痛点问题、为设计领域带来新的思路和观念。

综上所述,产品功能拓展可以应用于更广阔的行业和场景,而不变的是功能背后的技术和实现原理。设计团队使用这种创意方法容易产生颠覆性的全新产品,开发出一些本行业或者本领域不曾出现的全新的产品类型,进而使设计形成差异化的竞争优势。因此,企业经营者和产品研发人员一方面要开拓自身的视野,多借鉴其他行业的成功经验和成熟技术;另一方面要采取开放式创新模式,将其他行业的专家纳入自身的创新体系,产生新的产品创意,从而有效推动产品功能跨界创新。

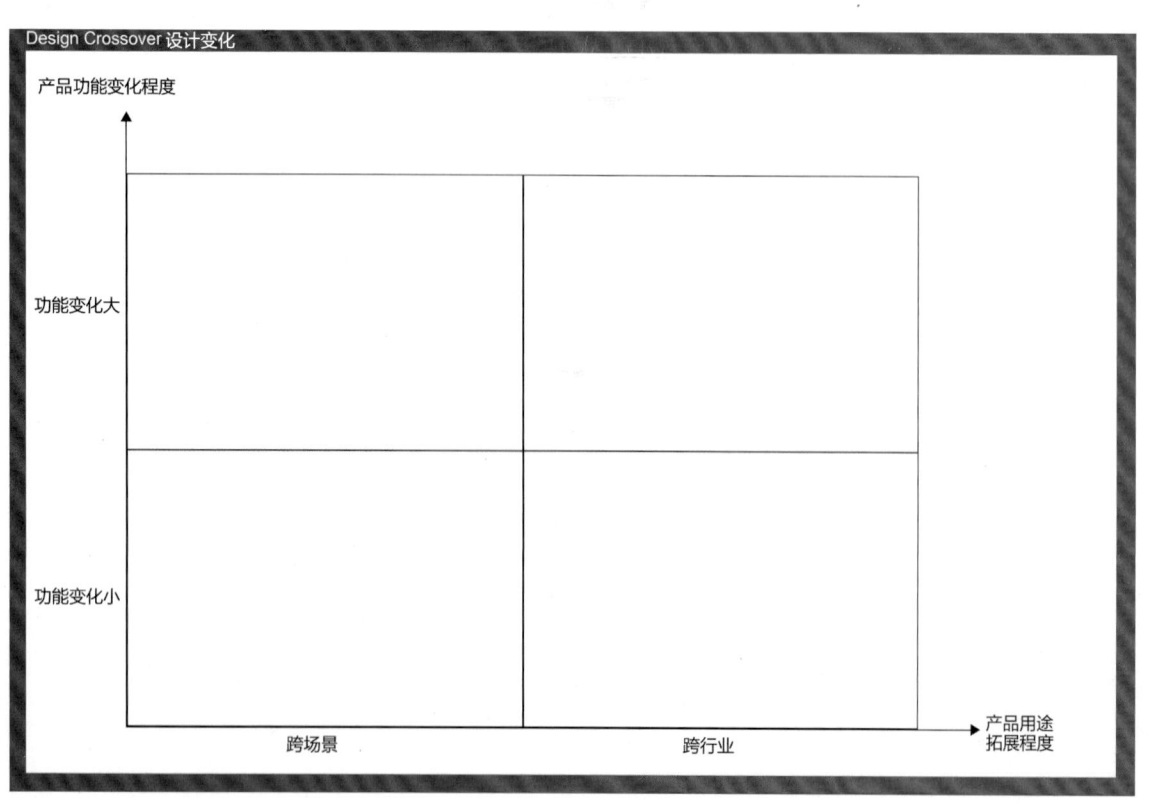

图 3.6　产品用途拓展模板

3.4 挖掘源点

设计的战略市场在未来,而与探测未来的创意方法相反的是,挖掘源点法会更关注设计之初的问题。在许多情况下,团队进行设计项目时,随着设计周期不断推移,设计往往陷入某些瓶颈或者因为某些限制性条件过多而导致设计创新陷入困境。当设计团队遇到以上类似问题时,可以利用挖掘源点法(图3.7),带领设计师回到设计的原点,拨开影响设计创新的表面问题,深入挖掘本次设计要解决的核心问题。那么,许多看似困难的局面可以通过这个迂回的、非线性的思考方式得以规避或解决。

爱因斯坦曾预言:"如果蜜蜂从地球上消失,那人类只能再存活4年。"当人们第一次看到这样的推论时,会按照蜜蜂与人类之间的逻辑搭建他们之间的关系,人们会发现假如没有了蜜蜂就没有了植物授粉过程,进而导致植物的灭绝,而失去了食物的动物和人类也就会随之灭绝。当设计师找到了导致人类灭绝的原点问题时,就可以开始相关的设计创意了。正如乌尔姆设计学院(乌尔姆设计学

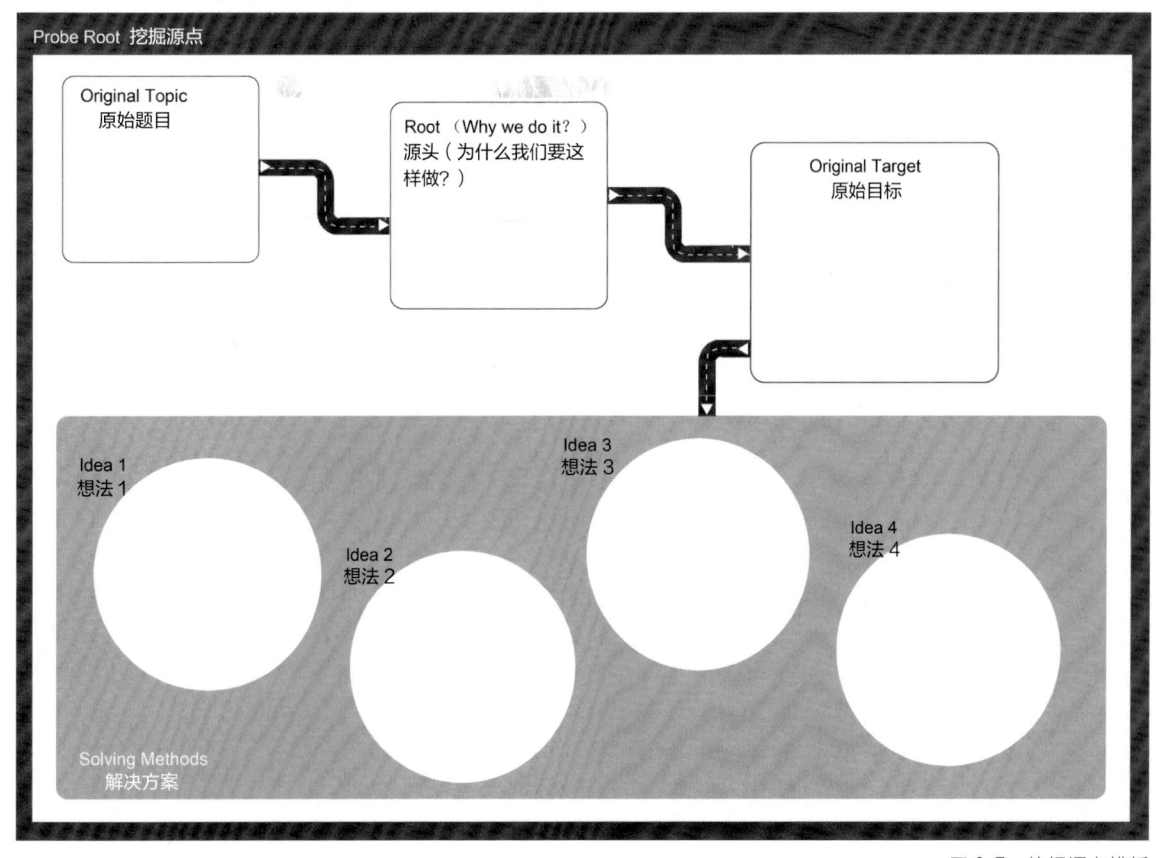

图 3.7 挖掘源点模板

图 3.8 挖掘源点模板案例

院于 1955 年正式招生，在德国设计史中有着特殊的地位，被称为"新包豪斯"）第一任校长马克思·比尔（Max Bill）的观点，乌尔姆的设计思想是强调产品的使用功能，而不只为了表现形式，设计对象不是产品的表层形式，而是功能的实现。假如设计的目标很清晰，设计团队就会发现为了人们休息和乘坐设计的座椅，不是为了椅子本身的造型而设计，而是为"坐"这个动作提供不同的功能载体，那么创意的思路就不会因为座椅的限制而陷入瓶颈。

如图 3.8 所示，当设计团队的设计项目是洗衣机时，首先需要明确的是这次的设计项目是为某企业品牌而设计的现实项目，或者是一个关乎该领域未来发展的概念设计。通过调研，设计团队发现洗衣机自从产生以来，其外观和体积并没有发生太多的变化，根据现有技术获得调整的仅是洗衣方式、触屏操控、功能增加等。假如设计团队获得一次概念创新设计的机会，那么在对洗衣机进行改良设计之前，他们需要清楚的是用户的需求是什么？是更高效的洗衣机设计，还是让衣物变得更干净？那么，回到该课题的原点问题，设计团队可以找到用户对产品需求的根源问题，即节约人力并让衣物变得更干净。由此，设计团队可以设计出免水式磁悬浮高效清洁洗衣箱、放入盛有衣物的水中可以降解污渍的洗衣球，甚至还可以设计出通过扫描去掉污渍的衣物扫描机。从这个案例可以发现，当设计师找到正确的需要解决的问题时，那么新的创意会随之不断产生。

3.5 关键词联想

提起关键词联想法，许多读者会想到在学习语言时经常会使用到的关键词记忆法，即通过对需要背诵的文章提取关键词（在这个过程中务必提取尽可能少而精的关键词），以便在背诵的过程中快速记住背诵内容，并通过这些关键词将文章内容连成一串，方便速记。关键词源于英文"Keywords"，特指单个媒体在制作使用索引时，所用到的词汇。在产品设计中，经常会根据某个灵感来源，通过思维导图去搜索与灵感来源相关联的关键词，然后将这些关键词转化为产品设计的专业词汇，最终应用于产品设计的改良与创新。为了更好地实现产品设计的改良和创新，设计团队可以将选定的关键词可视化，例如，在墙上或白纸上将几个与产品创意相关的关键词写出，并通过设计团队的发散思维将这些关键词继续扩充含义，或者将关键词结合、碰撞，发现一些与众不同的新鲜想法，如图3.9所示。

关键词联想法一般由设计团队共同完成，并作为拓展思路和创意生成的重要方法之一。那么，这个方法在产品设计中如何利用呢？首先，设计团队可以对目标产品进行分解和提取抽象的关键词，关键词可以是若干个；其次，根据关键词的创新程度进行排序，评估出可能对下一步产品创新有重要意义的关键词；最后，将选出的关键词分别进行创意发散，再将它们并列放在一个空间中，并搭建它们的关联性，进而碰撞出可能改变产品甚至引发创新的新观点。

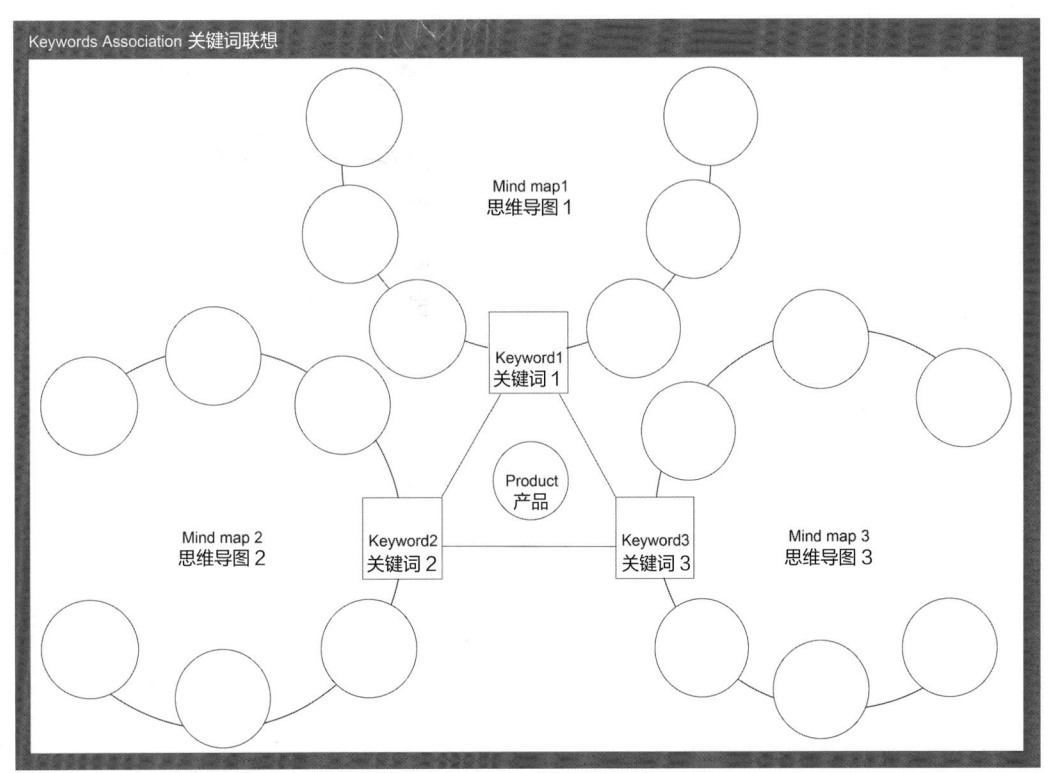

图3.9 关键词联想模板

3.6 探测弱信号

【探测弱信号】

对于设计师而言，他们的一项重要任务是用当前的产品预测未来的设计趋势。通过研究发现，在近未来阶段人类社会发生的重要变革并非完全毫无根据，只要研究人员细心观察，可以发现这些重大事件已经在现阶段留下了许多弱信号。这些研究，可以通过当下设计领域的重大事件向前推算得以印证。例如，在 2005 年前后，智能手机发展的初期，诺基亚、摩托罗拉、三星等手机品牌依然占有主导趋势，当时的苹果手机只占据极少的市场销售份额；而且，智能手机品牌所发出的新信号，并没有得到传统手机品牌的重视，以至于在此后的短短 5 年内，智能手机迅速占领手机消费市场时，许多传统手机品牌没能实现迅速转型而在市场竞争中逐渐消失。由此可见，探测弱信号可以帮助设计师更准确地预测未来设计趋势，并敏锐地对设计创新做好准备。

在图 3.10 中将设计的未来探索分为 3 个阶段：未来的 1~3 年为当下设计阶段、3~5 年为近未来设计阶段、5~20 年为未来设计阶段。然后，设计团队根据网络和实地调研，找到典型新闻并在图中相应位置粘贴新闻图片。图中的 X 轴的两端是地方性和全球性，表示典型事件会发生在全球范围还是只发生在某些地区；Y 轴的两端是强信号和弱信号，

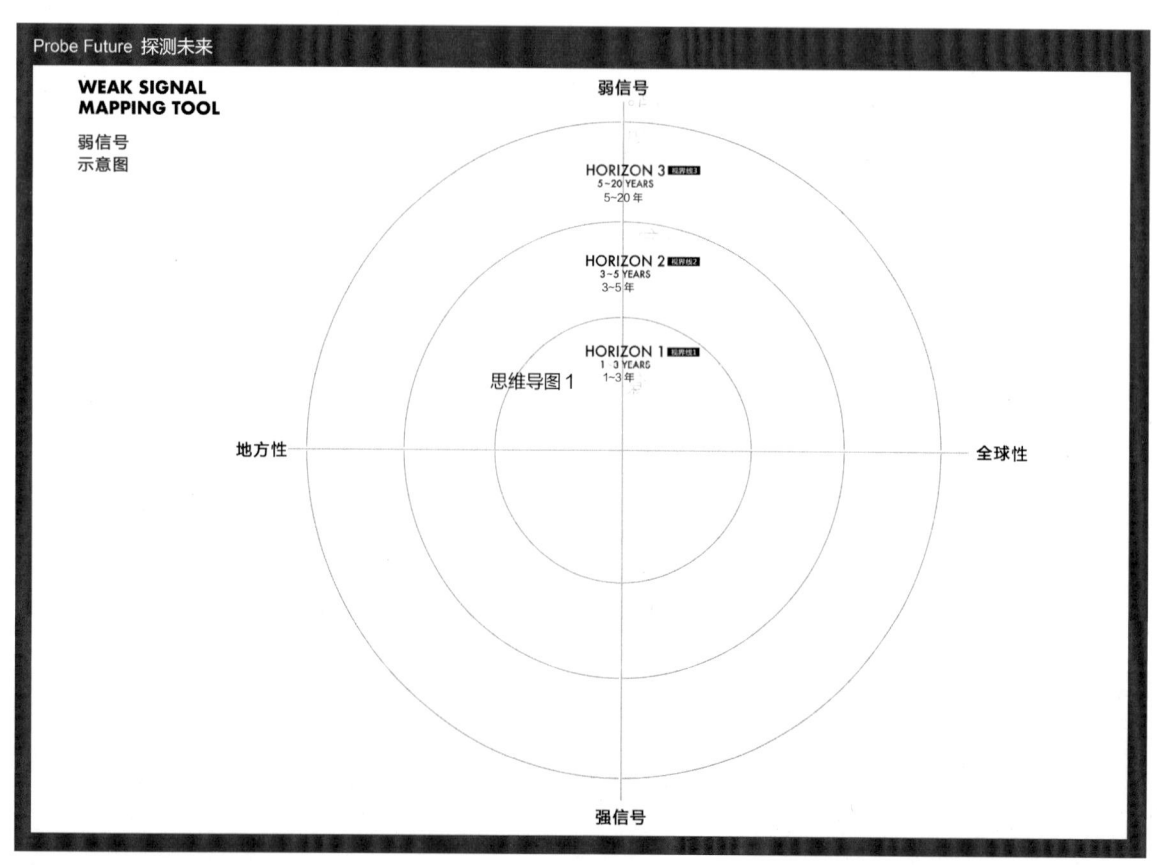

图 3.10 探测弱信号模板

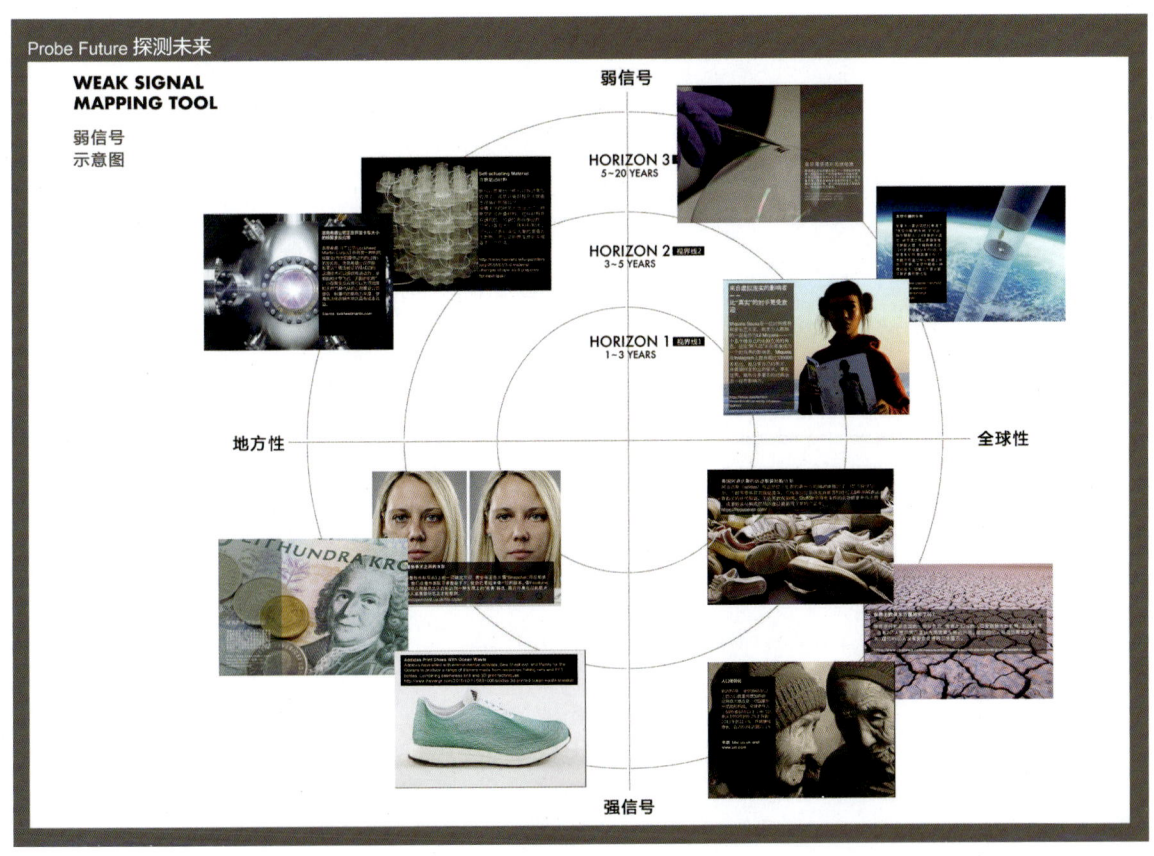

图 3.11 探测弱信号案例

表示典型新闻事件在今后会产生的影响范围。当新闻图卡在相适应的位置粘贴好之后,设计团队就可以清楚地发现哪些事件会对未来世界产生巨大影响,进而分析出设计的方向。

探测弱信号法可以结合卡片分类法同时进行,通过案例收集和卡片制作,设计团队将收集到的信息以可视化的方式呈现出来,便于团队交流。如图 3.11 所示,利用弱信号探测图表,可以将卡片信息分组。随着分组越来越清晰,设计团队可以在现在和未来的信息中发现许多全球性和地方性的弱信号,地方性的弱信号可能会因为地域性、民族志等原因受到发展限制,而全球性的弱信号可能会对未来的世界造成很大的影响,因此,设计师应多加关注,并尝试利用这些弱信号进行概念设计与创新。

本章思考题

（1）比喻与隐喻有哪些区别和联系？
（2）在接力思考时,团队需要注意哪些问题？
（3）用途拓展可以实现设计创新吗？
（4）利用挖掘根源的方法如何进行实际应用？
（5）如何提取关键词进行创意设计？
（6）弱信号对未来世界会产生哪些影响？

相关知识链接

（1）类比思考

参见：侯世达,桑德尔,2018.表象与本质：类比,思考之源和思维之火 [M].刘健,胡海,陈祺,译.杭州：浙江人民出版社.

（2）头脑风暴

参见：吴成伟,2007.头脑风暴训练 [M].北京：新世界出版社.

第4章
产品设计程序

本章要点
- 产品设计的概念。
- 产品系统设计。
- 产品设计的原型。
- 产品设计的展示。

本章引言

当前,产品设计具有更加广泛的含义,包括从概念构思、概念深化到产品的测试与生成,以及产品、系统或服务的具体应用。产品设计师的角色也因此变得更加复杂,是兼顾营销、管理、设计与工程,以创造有形产品为目标,融合艺术、科学与商业的混合体。本书第2章和第3章中介绍了产品设计的调研方法和创新方法,为产品设计的相关人员梳理了应该如何开始一个产品设计项目的思路,而本章会结合设计案例介绍产品设计的流程,其中包括在明确设计任务之后,设计团队接下来要完成的任务。

4.1 概念阐述

产品设计的意义在于提高生活质量；同时，产品设计也是一种商业行为，以保证企业生产与销售的产品足以吸引、打动和取悦消费者。今后，产品设计的边界将逐渐消失，会与许多设计领域有所交集，如家具设计、平面设计、交互设计、服务设计、工艺制造等领域。于是，不同领域的研究方法和设计表现形式也会为产品设计提供参考和帮助，用以解决复杂的设计项目。

在展开接下来要做的设计任务之前，设计团队应该留出足够的时间去了解清楚本次的设计课题是什么。如在图 4.1 中，学生为了明确设计主题，通过讲故事的方式说明儿童在日常生活中可能出现的危险。如图 4.2 所示，在接受企业或者委托方的设计任务要求清单之后，设计团队应该认真梳理并结合调研的结论，重新进行设计概念陈述，力图简化和分类设计任务清单，并试着提取设计的关键词。

通过概念阐述，首先，应该明确的是团队下一步要设计的项目属于以下 3 种类型中的哪一种。第一类是常规产品设计，在设计中需要达成的每个目标都被详细地描述出来，设计团队只要根据要求进行设计与开发就可以基本完成设计任务；第二类是改良产品设计，设计师根据要求大纲对现有产品的某些方面进行开发和再设计；第三类是创新产品设计，这类产品的开发难度比较大，要求设计师在非常规的语境下，设计与创造全新的产品。其次，在产品设计师明确客户的诉求，掌握与最终用户、制造商、项目经理、工程师等沟通得到的关键信息之后，就可以开始向产品设计概念构思、原始草图创作、细节推敲、模型与原型产品制作的进程转化了。

第 4 章 产品设计程序 / 049

图 4.1　设计课题陈述案例（一）（设计学生姓名：江若琪）

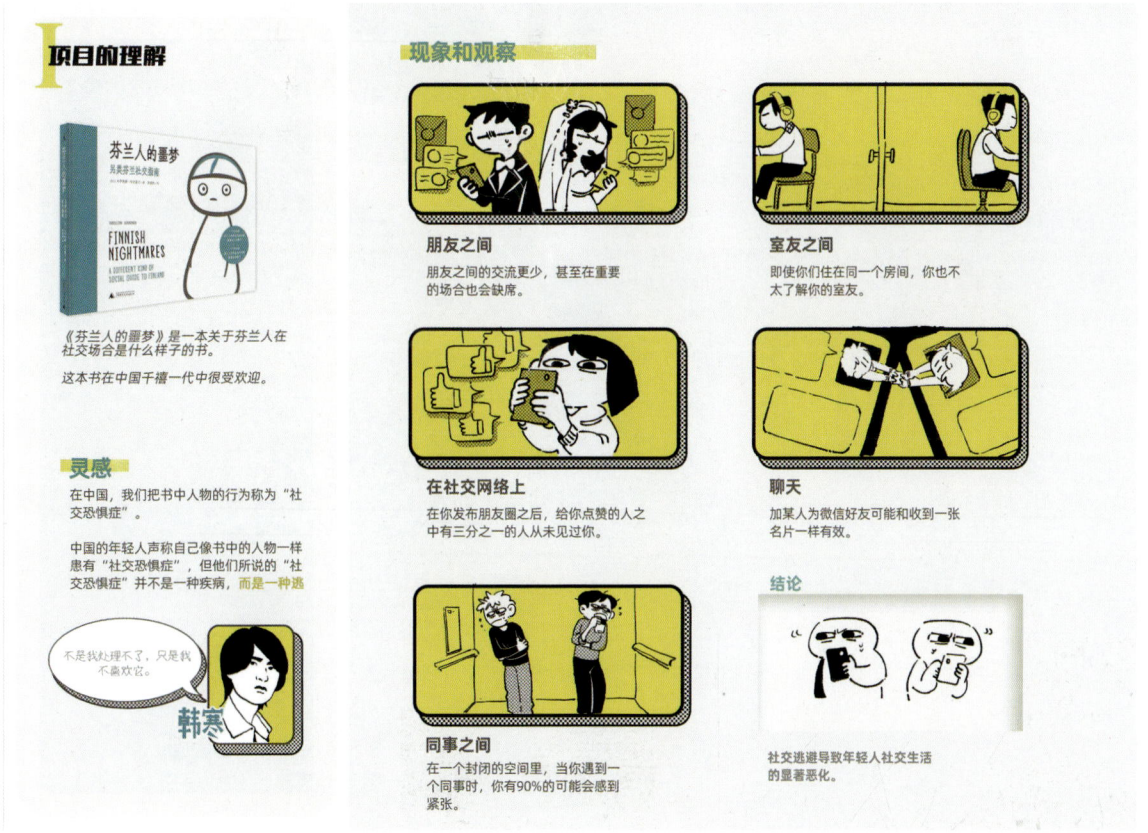

图 4.2　设计课题陈述案例（二）（设计学生姓名：江若琪）

4.2 功能预设

在明确设计定位和目标用户之后，设计团队需要明确的是产品的主要功能是什么。这一点非常重要，因为许多项目在进展过程中，往往会因为参与人员的建议而改变设计的初始功能。如果频繁改变初衷，会造成设计项目无法顺利完成或不能满足委托方的要求而导致团队设计效率降低，甚至导致项目最终失败。对于产品的功能，可以分为产品主导功能和子级辅助功能；对于主辅功能描述，可以按照使用优先级制订产品设计计划。

如图4.3所示，产品功能分析通常用于产品创意的初始阶段。产品功能是产品应该做什么的抽象表达，在分析过程中，设计师需要将产品或设计概念通过功能和子功能的形式进行描述，而在这个过程中，也要兼顾产品

图4.3 设计课题陈述案例（一）（设计学生姓名：葛乃铷）

的形状、尺度、材料、美感等要素。产品的功能分析是一种分析现有产品和概念产品应具备功能结构的重要方法。它可以帮助设计师分析在设计产品时的预设功能，并将功能和相关的零件进行联系。成功的产品功能预设和分析可以帮助设计师寻找到新的设计创意，挖掘设计创新点和亮点，从而在新的产品或设计概念中具体实现特定的功能。

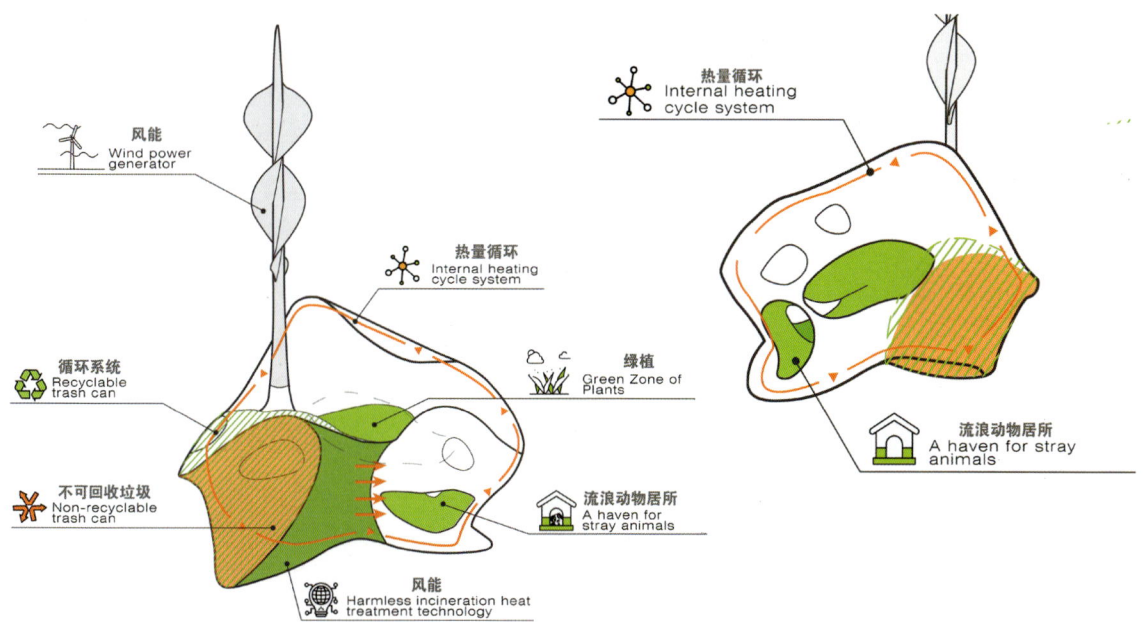

图 4.4　设计课题陈述案例（二）（设计学生姓名：葛乃铷）

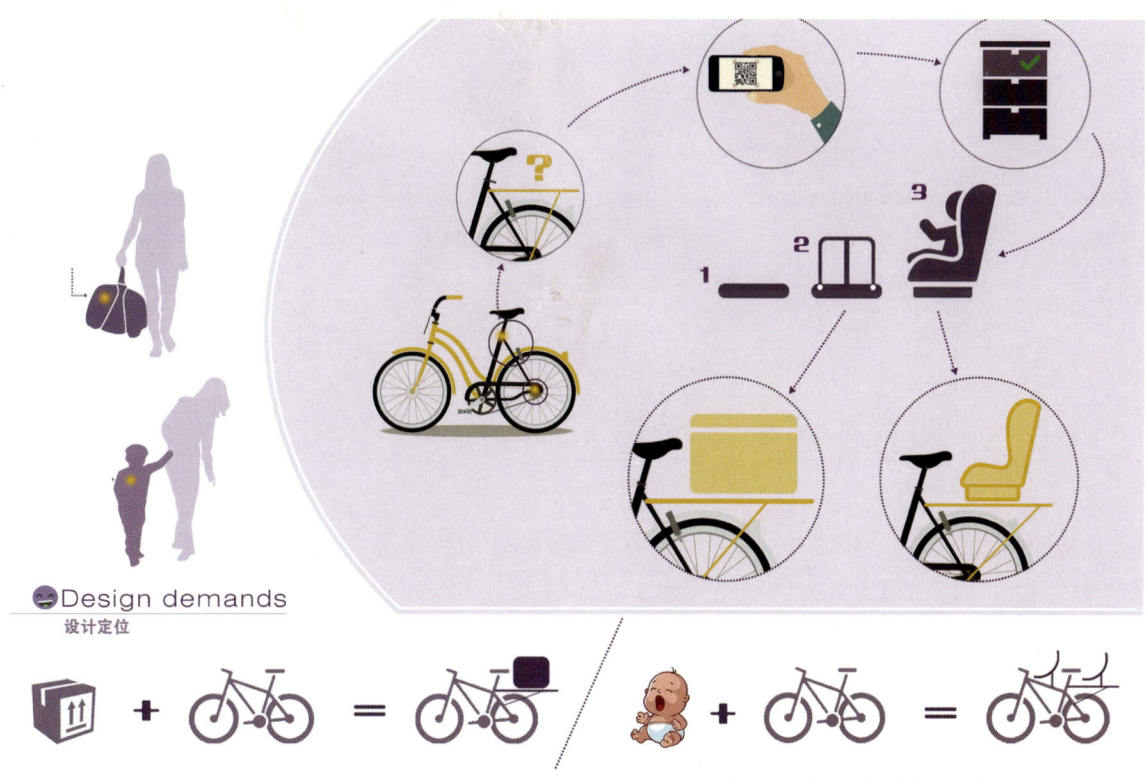

图 4.5　设计课题陈述案例（三）（设计学生姓名：葛乃铷）

产品功能细化的目的是将有限的基本功能进一步抽象化，从而建立出产品的功能体系。在此过程中，抽象化的思考可以激发设计团队的创造力，也可以避免设计师直接利用脑海中的第一反应寻找解决方案，从而造成产品的设计偏于感性。如图4.4所示，在设计师进行功能预设时，理性思维应占主导地位，这时产品可以被视为一个包含主功能及其子功能的科技物理系统，因此，产品通常是由承载各个子功能的"器官"组成的。设计师可以通过选择合理的部件形式、材料及结构来实现产品的各项子功能和整体功能。

产品功能分析秉承的原则是：首先确定产品应该具备哪些主要功能，然后推断出该产品所需的各个部件应承载哪些子功能。如图4.5所示，开发产品功能体系的过程是一个循环迭代的过程。在实践中，可以从现有产品的分析入手，得到已有产品的功能结构，进而根据新的概念产品设计，将新的产品功能进行分类。其中，第一类是基础功能。这类功能是产品的灵魂之所在，其他功能都会围绕这一中心功能提供服务或进行细化拓展。第二类是亮点功能。这类功能的主要特征与众不同，尤其是在众多同类竞争产品同时出现时，新的产品可以凭借亮点、特殊功能在竞品中脱颖而出，激发消费者的购买欲望。第三类是发展功能。这类功能的主要特征是可以预测用户需要什么，也就是用户以后可能需要的产品。对用户的需求提前制作但是义不能太超前，因为大众可能不会接受太过于超前的功能。有时，这类功能的设计会很模糊，也不一定会获得成功，但如果一旦成功产品就会走在行业前列。第四类是非需求功能。这类功能在前期的设计需求分析时没有涉及，当产品发布后根据更新换代来逐渐完善。这种功能只有及时实现和上架，才能获得用户满意度并促使其愿意购买。

当设计的各项功能逐渐清晰时，设计团队还有一件重要的任务就是适当地删减当前功能或者进行相似功能的整合，如图4.6所示。虽然在最开始设计功能的时候团队可以天马行空地创造功能，但是在最后敲定的时候一定要遵循"少即是多"的标准，尽量减少功能。而这种减少一定要建立在需求分析正确的前提下，团队需要多次评估每一个功能的需求价值，可以根据功能分类来分析。功能分类的主要流程是：第一步，列出产品的主辅功能清单，可以利用流程树的形式。第二步，面对复杂的产品时，设计团队需要进一步梳理产品的功能结构图。功能结构图可以按时间顺序排列所有功能，联系各个功能所需的物质、能源和信息流，将功能按照主功能、一级子功能、二级子功能进行归纳。第三步，整理并描绘功能结构。首先，补充并添加一些可能被忽略的辅助功能；其次，功能结构的变化会随着产品中各变量的改变而改变；最后，通过筛选获得一套完整的产品功能清单。

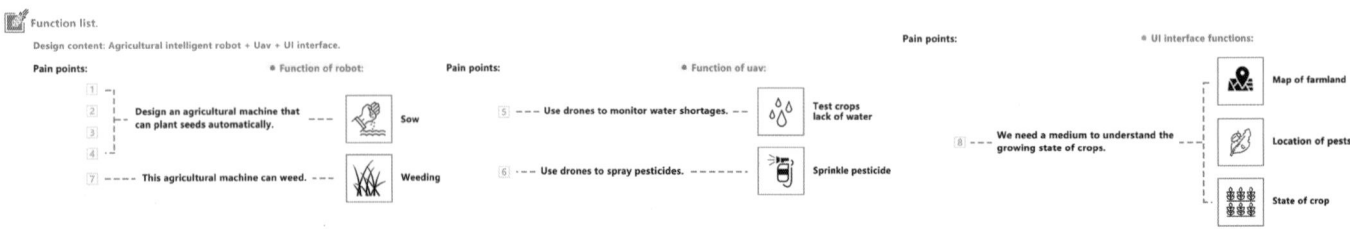

图4.6 设计课题陈述案例（设计学生姓名：吴雨航）

4.3 系统开发

产品是企业向顾客销售的东西，在具体设计执行之前，明确、系统的开发计划可以帮助设计团队明确设计的各项目标。产品的系统开发始于发现市场机会，止于产品的生产、销售和交付，由一系列活动组成。从投资者的角度来看，在一家以营利为目的的企业中，成功的产品开发可以使产品的生产、销售实现盈利，但是盈利能力往往难以迅速、直接地评估。通常，可从如图4.7所示的5个具体的维度来评估产品开发的绩效。第一，产品质量：开发出的产品有哪些优良特性？它能否满足顾客的需求？它的稳健性和可靠性如何？产品质量最终反映在其市场份额和顾客愿意支付的价格上。第二，产品成本：产品的制造成本是多少？该成本包括固定设备和工艺装备费用，以及为生产每一单位产品所增加的边际成本。产品成本决定了企业以特定的销售量和销售价格所能够获得的利润的多少。第三，开发时间：团队能够以多快的速度完成产品开发工作？开发时间决定了企业如何对外部竞争和技术发展做出响应，以及企业能够多快从团队的努力中获得经济回报。第四，开发成本：企业在产品开发活动中需要多少花费？通常，在为获得利润而进行的所有投资中，开发成本占有可观的比重。

Product System Development 产品系统开发				
Product quality 产品质量	Product cost 产品成本	Development time 开发时间	Development cost 开发成本	Development capability 开发能力

图 4.7 产品系统开发模板

第五，开发能力：根据以往的产品开发项目经验，团队和企业能够更好地开发未来的产品吗？开发能力是企业的一项重要资产，它使企业可以在未来更高效、更经济地开发新产品。

在这5个维度上表现良好的设计方案将最终为企业带来经济上的成功。但是，其他方面的性能标准也很重要。这些标准源自企业中其他利益相关者（包括开发团队的成员、其他员工和制造产品所在的社区）的利益。开发团队的成员可能会对开发一个新、奇、特的产品感兴趣；制造产品所在社区的成员可能更加关注该产品所创造的就业机会的多少；生产工人和产品使用者都认为开发团队应使产品具有高的安全标准，而不管这些标准对于获得基本的利润来说是否合理；其他与企业或产品没有直接关系的个人可能会从生态的角度，要求产品合理利用资源并产生最少的危险废弃物。

【产品系统开发】

4.4 服务蓝图

服务蓝图是服务设计常用的研究方法，通过视觉信息与利益相关人员关系网等元素为客户和设计团队展现"设计师—产品—企业—消费者—环境"整个系统的运营方式，以及服务如何通过关系网输出并获得反馈信息等。当设计团队在进行产品设计时，很多时候应该放眼观察产品所在的整个系统，从服务设计的角度宏观地判断产品设计各个阶段的决策。如图 4.8 所示，服务蓝图善于详细说明许多隐匿于消费行为中的细节问题，一张服务蓝图往往包含用户、服务提供者及相关利益人；许多服务活动幕后的运作方式也会在服务蓝图中展示。

由于服务蓝图要将可能存在于服务提供机构的各个部门和团队联合在一起，所以它经常由多方参与者协作完成。不同的参与人员往往会对产品服务的执行产生不同的影响，由他们共同制订的产品设计计划和服务策划可以最大限度地满足多方利益相关者的要求。由此可见，由服务设计倡导的协同合作工作坊是一种有效率的工作模式。服务蓝图法的优点在于始终关注用户的生活方式和目标。以用户为中心的服务宗旨与产品设计理念一致，有利于提升产品设计团队的全局观念和服务意识，也增强了设计师对接企业的联合调研与研究能力，如图 4.9 所示。

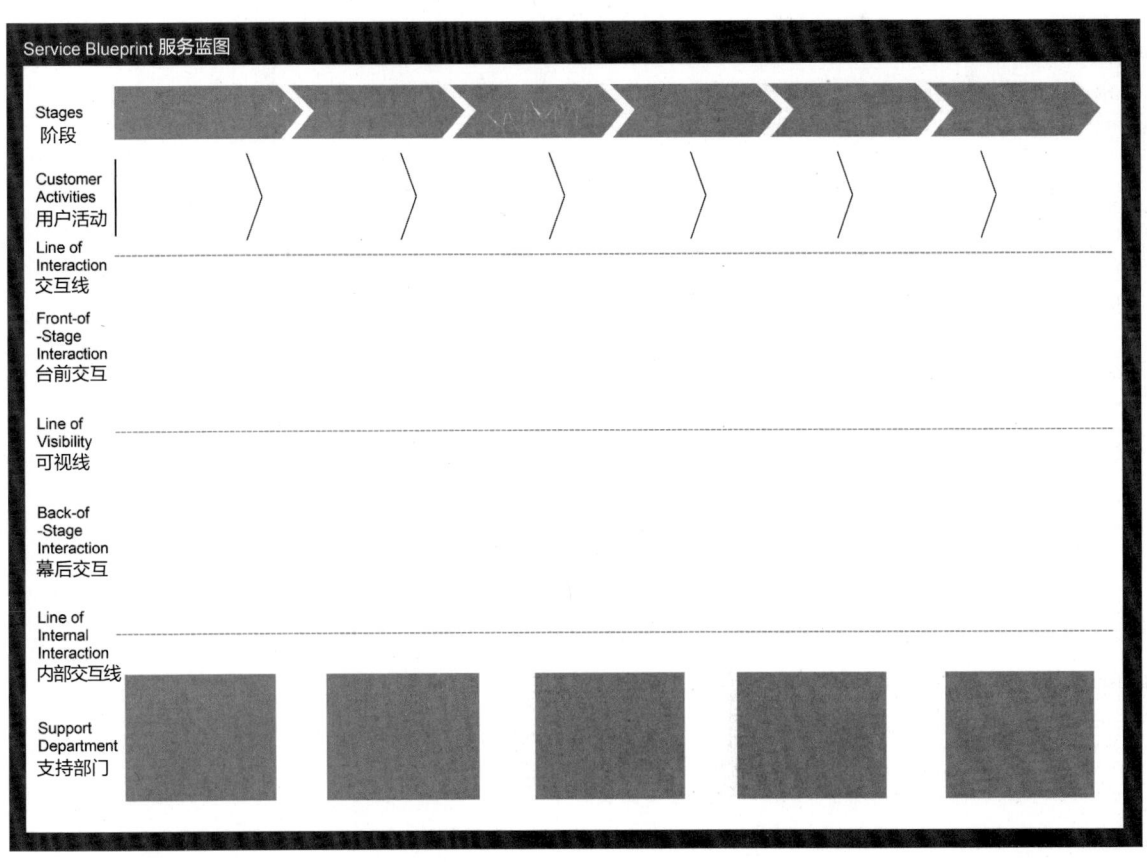

图 4.8 服务蓝图模板

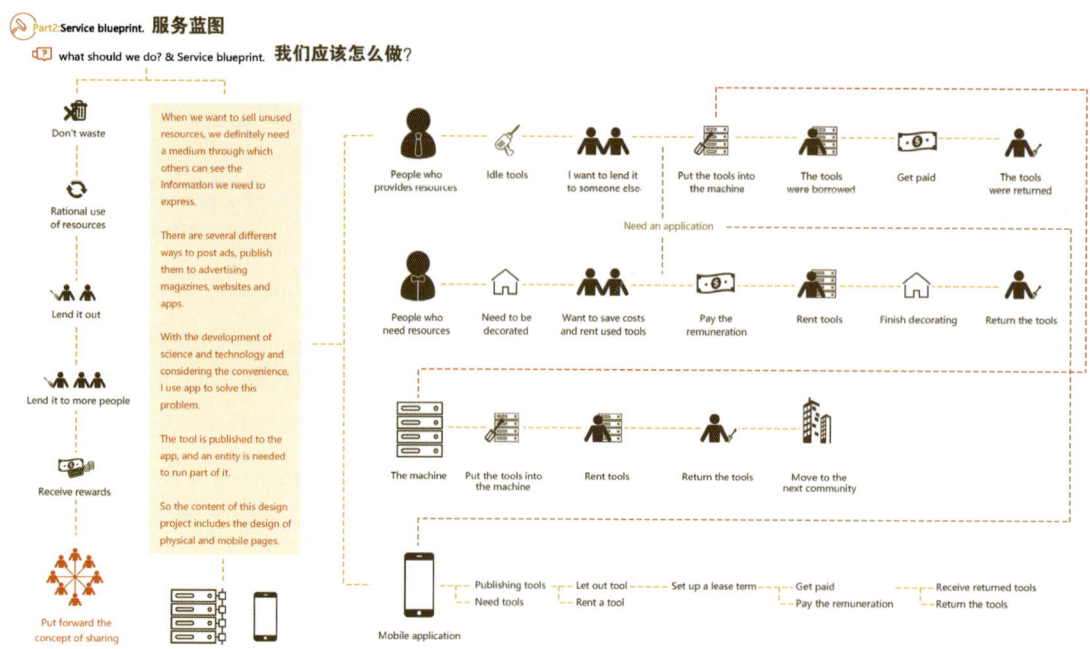

图 4.9 服务蓝图案例（设计学生姓名：吴雨航）

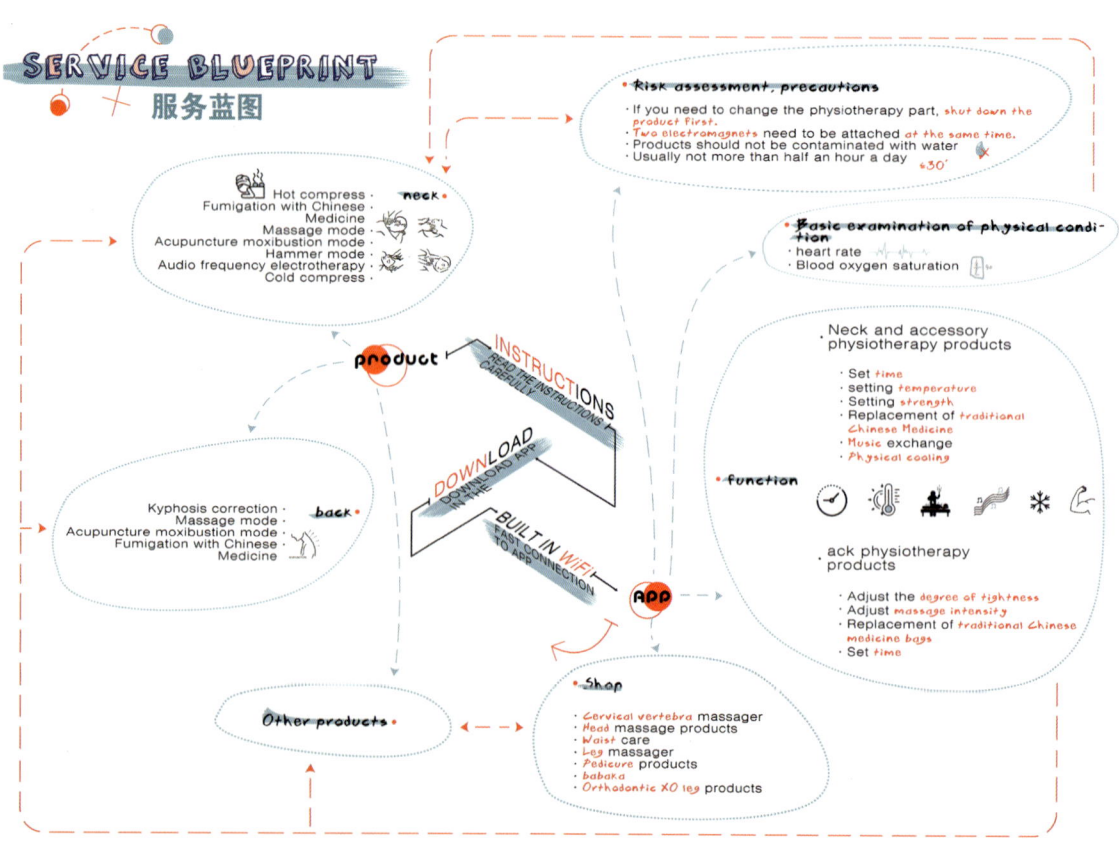

图 4.10 服务蓝图案例（设计学生姓名：葛乃铷）

在不断变化的环境中，服务设计促使设计团队提高应对反应能力。如图4.10所示，通过蓝图展示出来的所有服务流程和细节，可以让团队清晰地观察重点服务环节和用户痛点，以及与重点服务相关联的各个部门之间的利益关系和运营流程。服务设计有利于将隐藏在目标用户服务元素背后的过程，在协调各方人员和资源的过程中，进行多次调整。在设计的初始阶段，服务蓝图多以草图的形式呈现，一旦方案或概念被确定下来，服务蓝图的内容在实施阶段会更加翔实，帮助参与设计人员明确服务的流程和执行的情况。

服务蓝图关注的重点是围绕用户任务需要提供哪些支撑系统。以用户通过ATM取现金的流程为例，首先设计团队需要观察用户完成情况：找到ATM、插卡、输入密码、输入取款数、取款、取卡、离去。其中，重点关注用户是怎么使用ATM的、在使用过程中是怎么思考问题的、感受和情绪变化是怎样的。而且，服务蓝图会关注用户行为路径的一系列支撑系统，比如：如何保证用户能够快速看到ATM，品牌信息如何展示；如何保证ATM在使用中减少损耗，而且能够正常运作；如何保证ATM的人机交互界面好用、易用；如何保证ATM里面资金运转高效、流畅；如何保证用户在需要帮助的时候能够找到相应的管理人员；如何衡量ATM站点分布得是否合理。以上案例涉及服务设计台前、幕后工作人员的共同协作，目的在于确保服务获得用户的认可。

4.5 草图设计

在设计项目的最初阶段，可以通过手绘草图、效果图等方法将概念呈现给设计团队。在这个阶段，需要团队进行多次设计方案研讨，所以快速的手绘表现可以帮助设计师快速完成方案沟通。而且，在设计探索过程中，每一位团队成员都可以在纸上快速调整或修改草图、提出意见，促进设计项目深化和方案落地。

如图 4.11 所示，在设计师进行手绘创作时，要注意良好的透视技巧，这可以帮助设计师建立逻辑绘图思维。绘图中的透视法则主要有：一点透视、两点透视、三点透视。每种透视类型都可以利用精确、科学的方法绘制，除了使用工具以外，还可以根据透视规则徒手完成。透视原理可以帮设计师创造三维空间，将脑海中的设计思路以精确的三维视角描述出来。

当设计师产生灵感并在脑海中产生创意时，概念草图在这一阶段就可以帮助设计师巩固概念，探讨设计的可能性，并且赋予概念鲜活的形式和语义，如图 4.12 所示。这一阶段的草图不需要过分精细或加入大量的细节，因为后期要花费大量精力在打磨细节上。有的时候，设计师难以快速地将一闪而过的创意灵感迅速、完整地记录和表达出来，但即便是初始阶段的概念草图，也需要将产品的比例、结构、人机关系等必要因素表达准确。所以，利用一些铅笔、一个笔记本，设计师就可以随时随地记录设计想法。在绘制草图（图 4.13）时，使用铅笔有许多好处：其一，

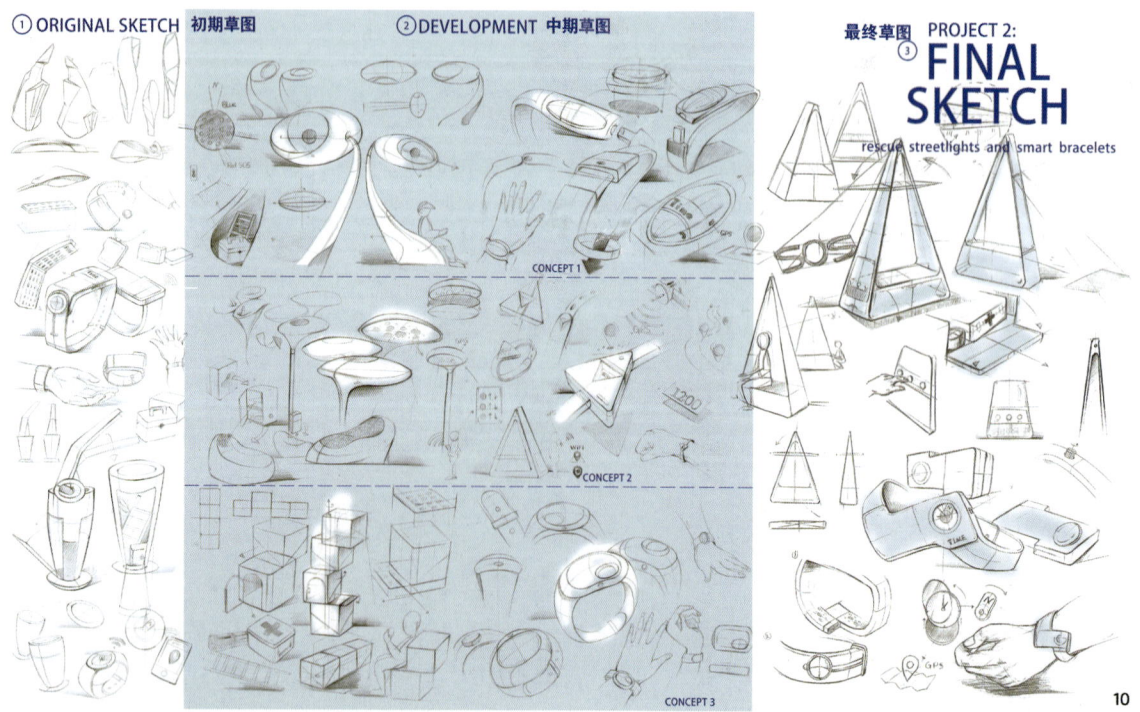

图 4.11　产品设计草图案例（一）（设计学生姓名：秦浩翔）

第 4 章　产品设计程序　/　059

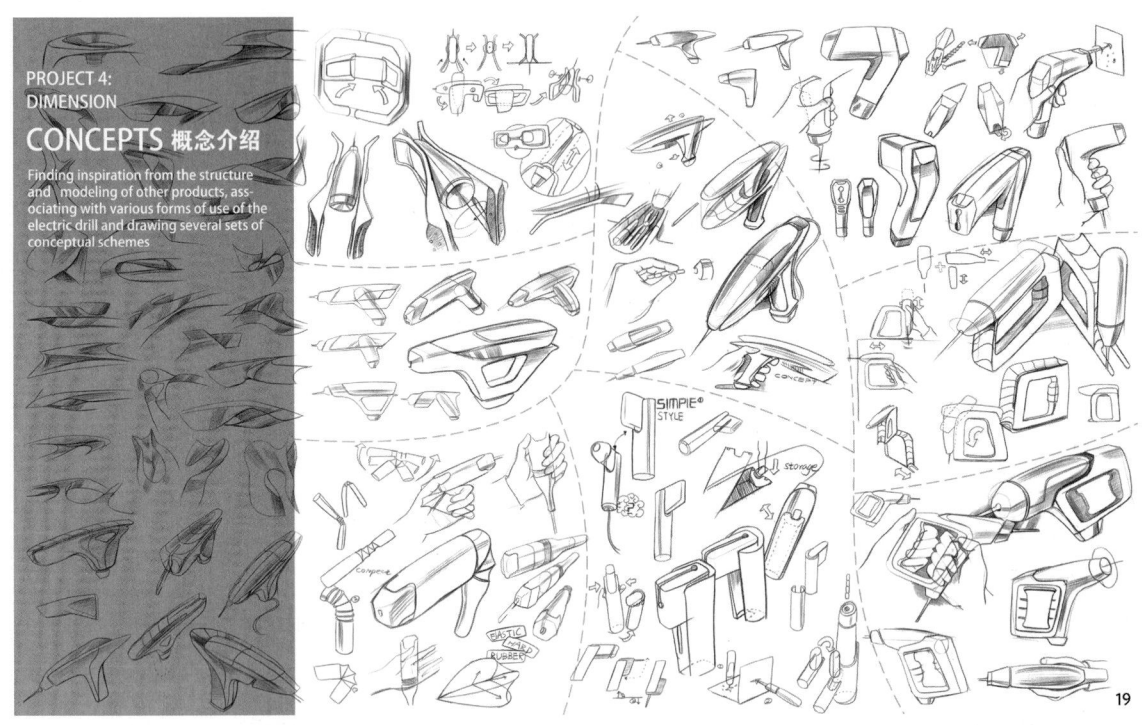

图 4.12　产品设计草图案例（二）（设计学生姓名：秦浩翔）

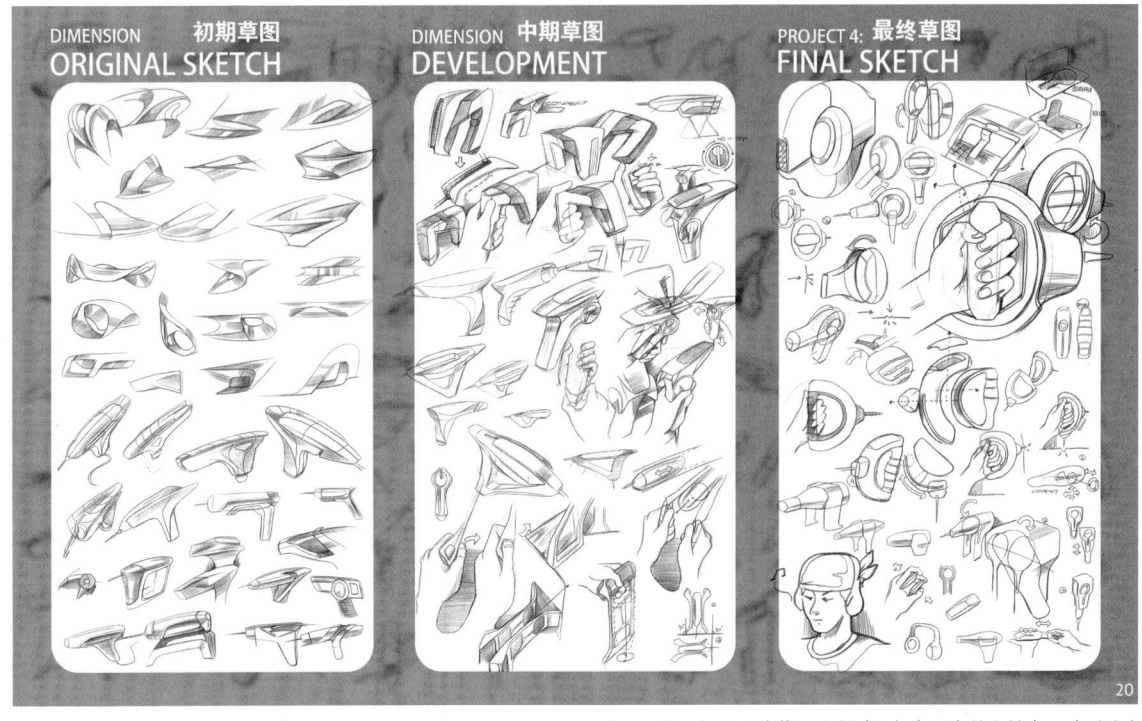

图 4.13　产品设计草图案例（三）（设计学生姓名：秦浩翔）

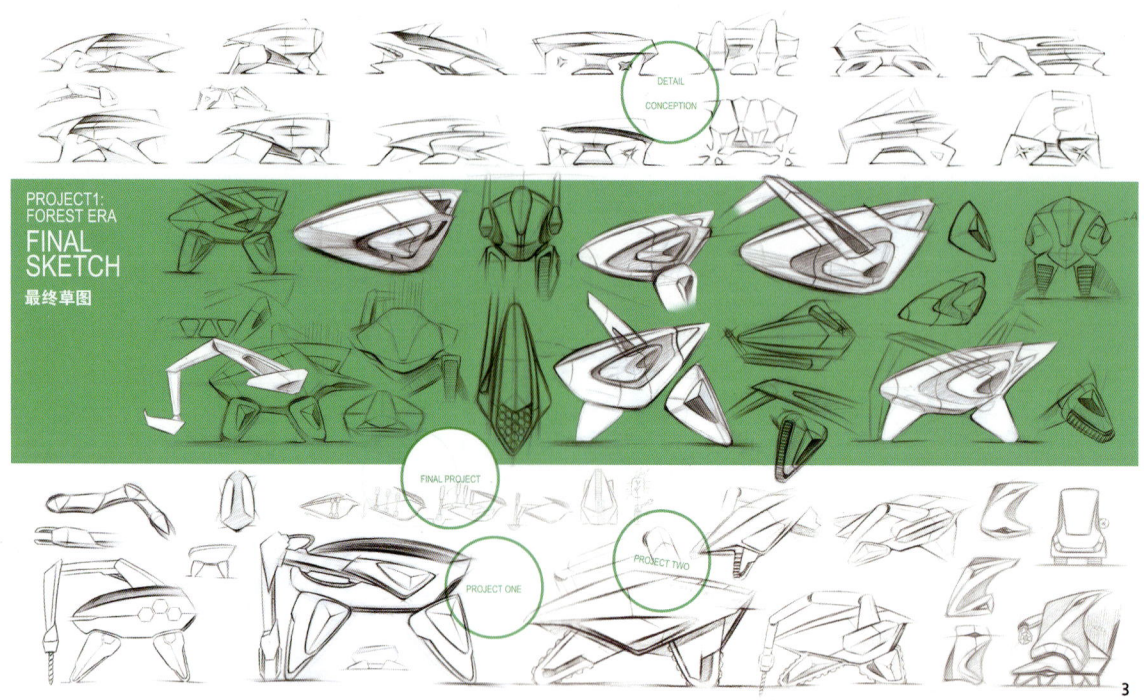

图 4.14　产品设计草图案例（四）（设计学生姓名：秦浩翔）

可以使用橡皮快速地修改和调整；其二，有的设计师习惯在草图周围加入必要的注释和信息，用于提醒和解释；其三，铅笔可以创造出带有情感的线条，线条粗细的变化可以表述产品的不同部分，也可以带给草图无限的生命力。

概念草图一般可以分为外观草图和结构草图。外观草图是设计师探讨设计项目最初形象的视觉传达形式。设计师在进行外观草图绘制时，往往会跟随自己的灵感，完全自由地表达。外观草图主要围绕设计的基本外观、特色和形体美感展开。而结构草图重点在于表达产品的结构参数和人机工程学因素等。当产品的概念确认后，结构草图可以完成产品制造之前的重要准备，即总体布局图，其中包含产品制造结构和零部件组装示意图等信息，如图 4.14 所示。

在草图设计的深化阶段，一般会配合草模型的制作对产品外观、结构等因素进行反复推敲，随后，可以将产品的最终效果图通过马克笔、色粉、彩色铅笔、水粉等手段生动地展示出来。表现丰富的效果图不仅可以展示产品的色彩，而且能体现出产品的材料和表面处理方式。在效果图表现时，也可以标注必要的信息，这利于设计师传达对设计概念的想法。对比其他表述产品的方式，手绘效果图传递信息的速度较快，有的时候视觉效果比真实产品更加强烈，适于形成视觉冲击力。

4.6 产品原型

产品原型是产品从观念到投产的重要过渡阶段。一旦设计想法产生,设计师就可以根据经验对想法进行记录,而这种记录可以是图文结合的形式。从看不见的概念到视觉化的草图,设计经历了一次物化的过程,这种物化过程也是产品原型的一种。此外,产品原型还包括产品模型、样机、动画、界面原型等不同方式,根据不同的产品类型,可以选择适合的原型来深化设计。

4.6.1 草模型

在产品设计之初,产品是由手工艺人制造和创作的,并且经常会带有独特的手工痕迹和美学意义。但是,产品制造商迅速意识到设计师所具有的独特优势,之后便将设计与制造分离,从此设计师被定义为产品复杂制造过程的规划者。手工设计被完全整合到工业生产流程中预示着产品设计成为一门具有标准化规则的学科,因此,产品设计的通用程序与方法在任何新产品的开发过程中都扮演着重要的角色。

产品设计主要以三维物体为主,而设计草图往往只能展示概念产品的二维效果。在二维与三维的观念转变过程中,产品设计模型制作可以起到有效的过渡作用。无论是手绘快速表现还是电脑效果图的精致逼真,都仅仅是产品设计提供虚拟的效果呈现。然而,如图 4.15 所示,草模型却具备许多独特的优势,通过制作草模型不仅可以检测概念设计的可行性,而且更为重要的是,当设计师沉浸于动手制作之中时,许多设计灵感就会随之激发出来,帮助设计团队推敲设计细节,并优化设计模型。

产品设计模型作为设计开发过程中的一部分,将设计师的二维概念三维化,可以帮助设计师检测产品的功能、使用方式、人机关系、尺度比例、结构功能等。同时,模型是一种便于团队之间沟通、分享的有效途径,许多做工精细的模型还可以作为设计呈现的一部分为客户展示产品设计的最终效果,如图 4.16 所示。此外,产品模型可以帮助设计团队获得目标用户和消费者对设计的态度和反应,测试评估与反馈还可以检测产品是否适用于市场,进而为企业带来商业价值。

在通常情况下,模型可以按照产品概念的实际比例来制作,但是对于汽车、家具等大型产品来说,为了快速成型,也可以根据实际情况缩小比例,如 1∶5、1∶10 或者 1∶20 等。在实际产品设计开发中,设计师需要使用不同类型的模型来阶段性地解决设计问题。很多时候,一些简单的纸张、塑料板、塑料泡沫板、黏土、密度板等就可以帮助设计师快速实现草模型制作和模型实验,但是在设计后期,设计师还会利用机器加工完成更精确的设计样机,如图 4.17 所示。于是,可以将产品设计师经常使用的模型分为 4 种类型,即草模型、模拟模型、外观模型、结构模型。

草模型可以采用简单快捷的材料,表现设计

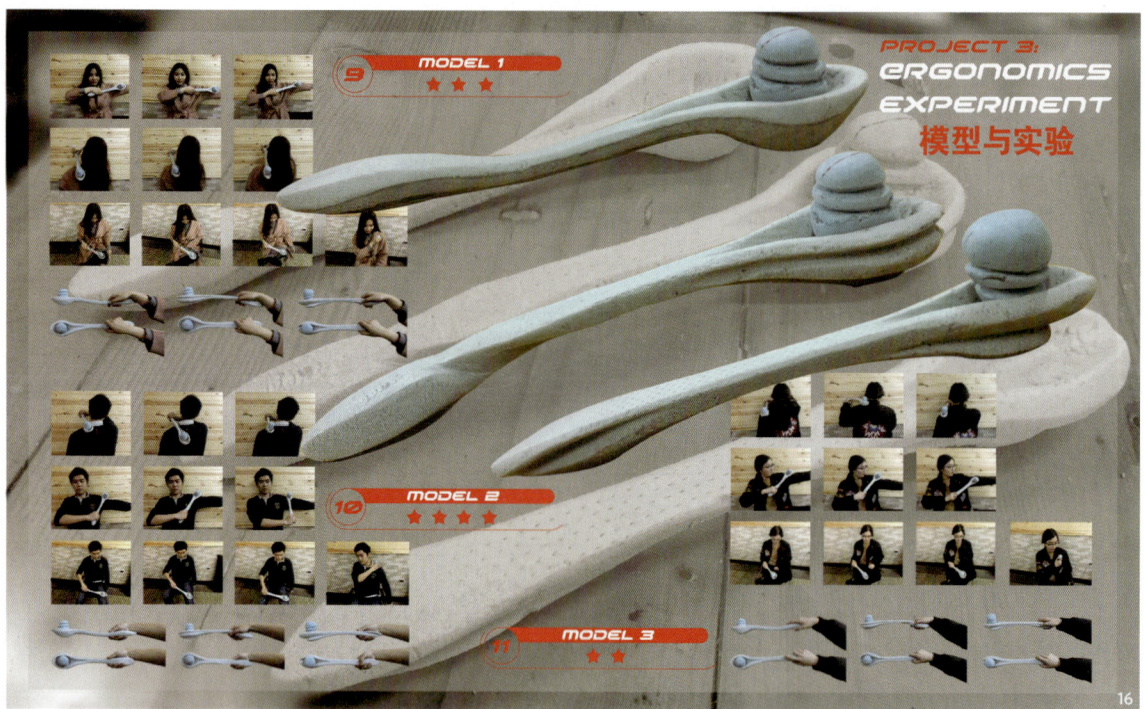

图 4.15　产品设计草模型制作案例（一）（设计学生姓名：秦浩翔）

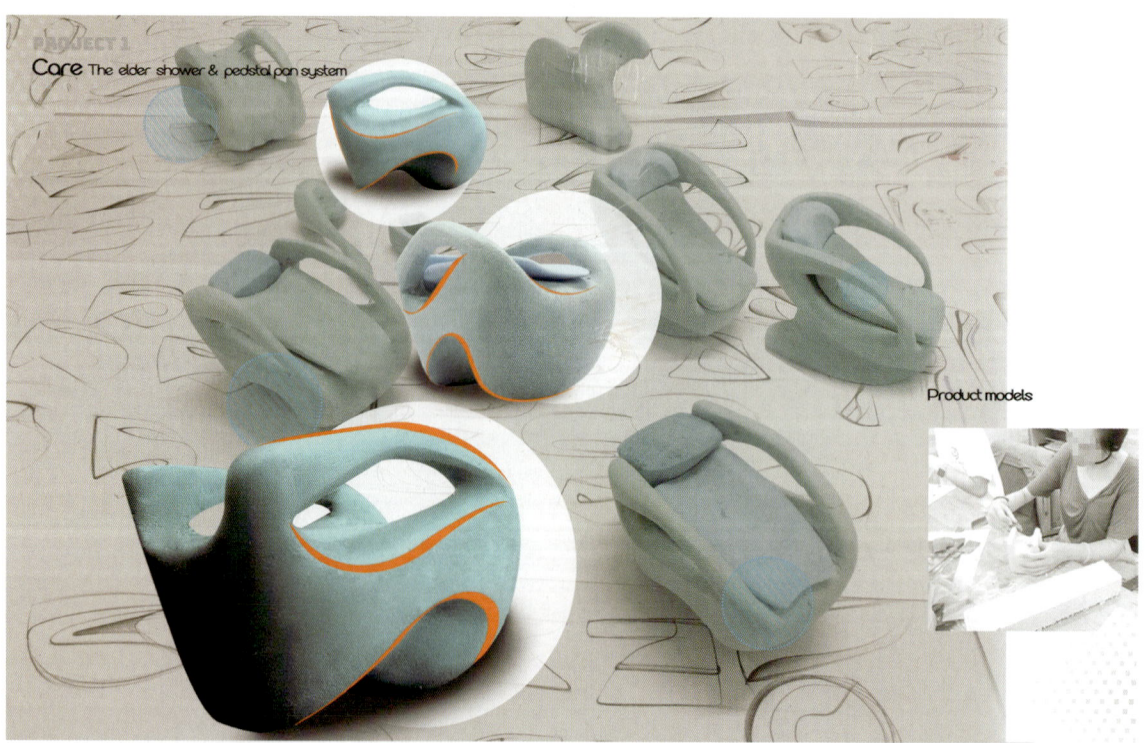

图 4.16　产品设计草模型制作案例（二）（设计学生姓名：张依）

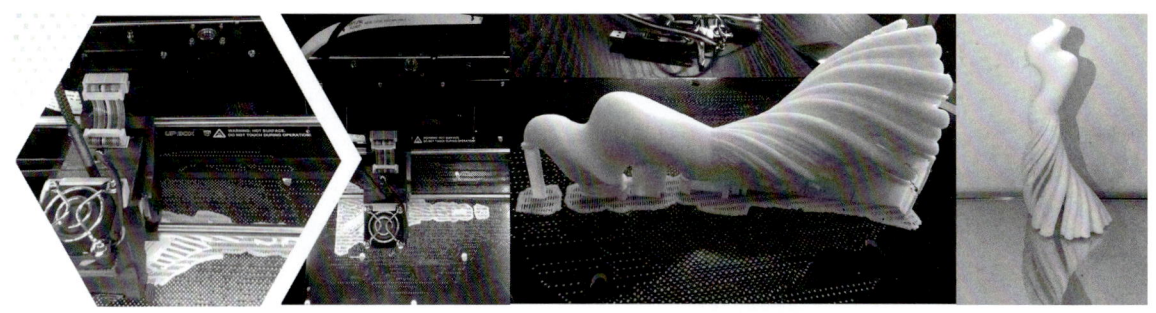

图 4.17 产品设计草模型制作案例（三）（设计学生姓名：张依）

初期阶段和构思阶段的设计概念。具有解释性且制作迅速的草模型会在概念深化过程中被不断加以细化、反复修改推敲，直到设计团队对产品的可行性有一定的信心和依据，并推动设计进入深化阶段。

模拟模型也经常用于设计早期阶段，在材料选择方面，简单、便宜或者半成品材料都可以用于快速搭建模型。模拟模型有的时候可以采用能动的结构，用以增加产品模型与观察使用者的互动性，如图 4.18 所示。

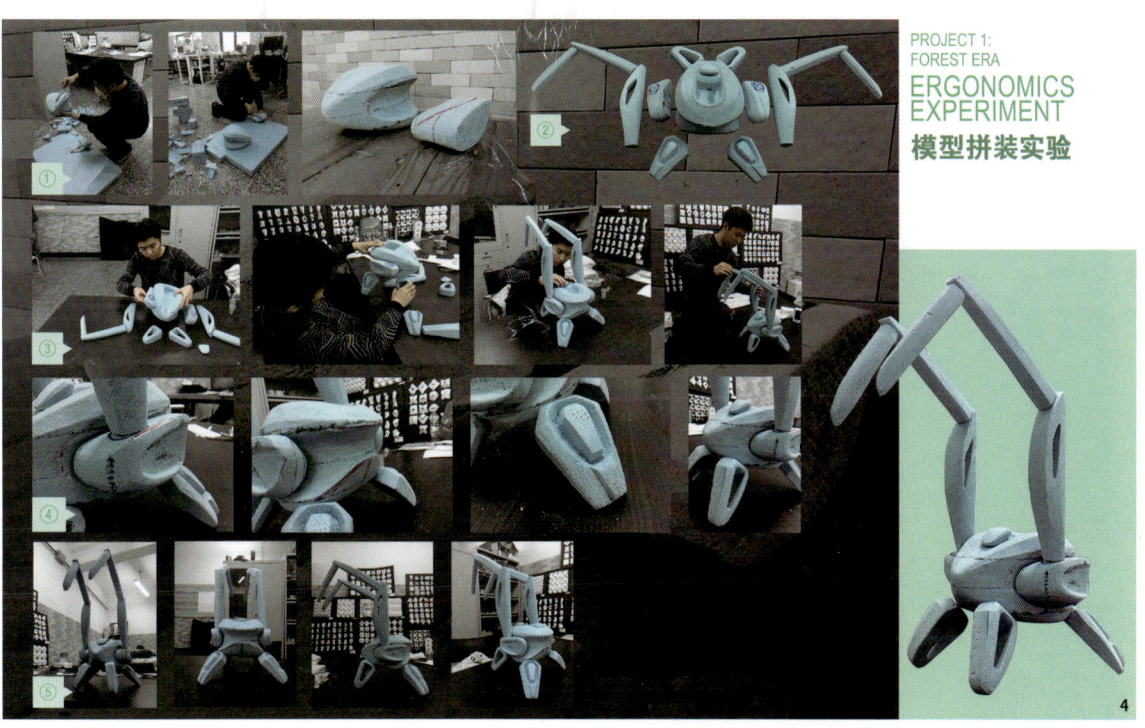

图 4.18 产品设计模拟模型制作案例（四）（设计学生姓名：秦浩翔）

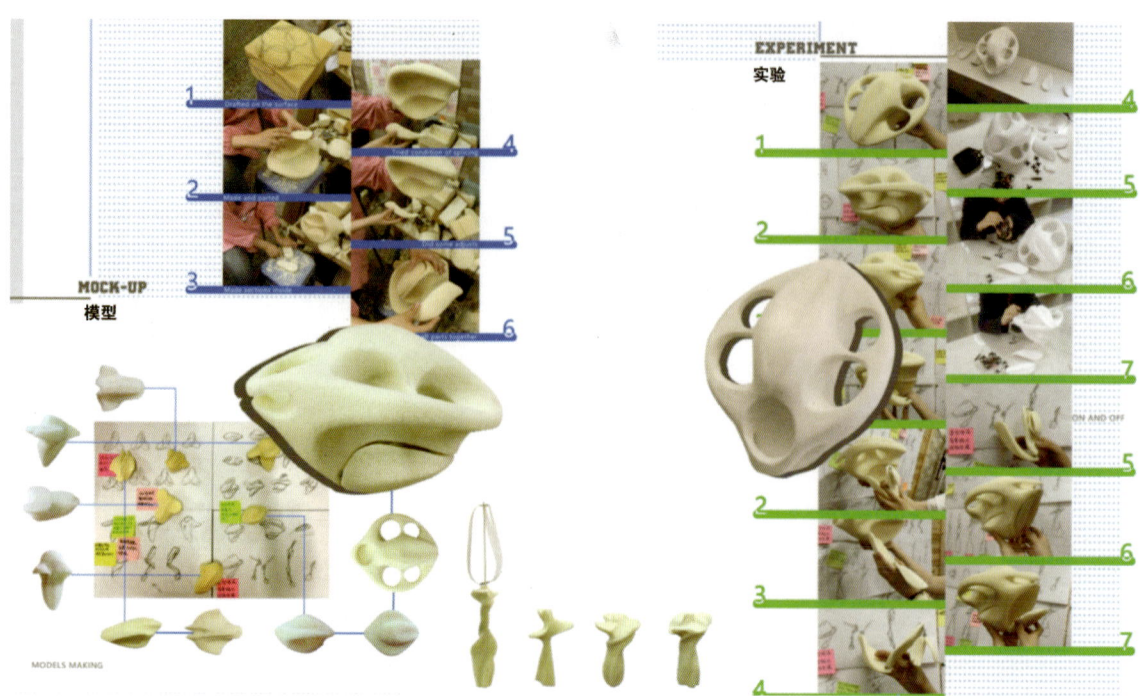

图 4.19　产品设计结构模型制作案例（五）（设计学生姓名：杨乔雯）

【产品设计草模型制作案例（设计学生姓名：杨乔雯）】

外观模型一般采用实际比例大小的材料制作模型，其制作目的主要以外观展示为主，如用于展会或者概念产品发布等情况。外观模型通过高仿真的外观材料和细节处理表现，可以让目标用户和消费者亲身体验概念产品，但产品的内部功能不会在这个阶段的模型中体现。

结构模型多用于产品设计的后期阶段，常采用等比或比例模型，在制作阶段会采用分模具制造，加入机构和活动的机械结构，可以用于测试产品的强度、结构、移动性、舒适性或耐用性等，如图 4.19 所示。

4.6.2 演示模型

在产品设计中，演示模型具有非常重要的意义，如产品设计师构思概念与设计的原型、工程师将全尺寸的模拟模型原型化、软件工程师编写原型代码。在实际产品开发中，演示模型可以从两个维度来理解。在第一个维度中，模型既是有形的，也是虚拟的。有形的模型是看得见摸得着的，接近于产品；而虚拟的模型是需要分析的，存在于抽象的数学程序和公式中。在第二个维度中，模型需要具有针对性，用以测试某些属性，所以制作速度快，而且价格成本较低，如图4.20所示。而完整的演示模型则需要具有等比的尺寸，以及可以完全操作的产品模型。

创造模型的目的是在产品设计开发中辅助设计、帮助决策，而且方便帮助客户理解设计概念、探讨设计思路。演示模型有助于设计师了解用户如何使用和体验产品。演示模型包括的种类繁多，其中概念草图、故事板、使用情境图、实体模型等可以作为演示工具在实体或虚拟设计项目中发挥探讨和交流的作用，如图4.21所示。演示模型是产品分析的重要工具，精确的演示模型具有完整的功能，可以用于目标用户的测试反馈。因此，演示模型会在整个设计过程中扮演重要的角色，在设计不同的进程中，辅助设计朝着正确、可行的方向发展。

演示模型在辅助设计和开发产品的过程中，帮助设计师理解当下用户的体验和需求，探讨并改进设计，将分析的结论反馈给开发团队。同时，模型可以让设计团队、用户和客户专注于同一概念，并引发公司决策层之间的对话。此外，产品模型可以提高决策的效率，确保开发流程流畅，避免设计团队因成本超支或产品延期无法将设计推向市场。那么，需要根据不同项目预算制作成本，而对于需要投产开发的批量化产品，模型设计需要测试产品的外观、材料及生产过程可能需要的结构细节。例如，Dyson公司在真空吸尘器的研发过程中，设计师制作了上万个不同类型的模型，解决了无数个从概念设计到产品量产过程中存在的问题。

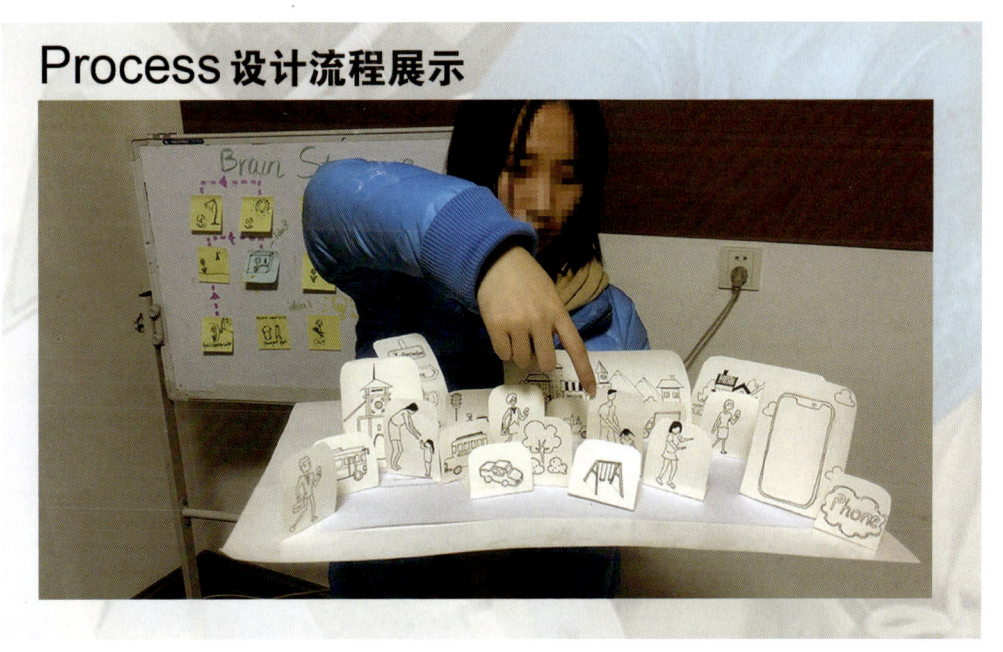

图4.20 产品设计演示模型案例（一）（设计学生姓名：唐丹凝）

接下来，介绍几种演示模型的类型，设计团队可以根据不同的阶段和设计需求选择对应的类型。第一种，快速模型。这种模型强调制作速度，设计团队可以使用任何随手可得的材料，只要可以表达出设计的概念意图即可，并不追求原型的精细度。设计团队根据快速模型进行方案评估时，在此基础上，还可以继续深化原型和设计。第二种，纸板模型，如图4.22所示。这是一种快速概念视觉化的方法，通过纸板描述概念的功能和使用方式，用于测试和评估。第三种，体验模型，如图4.23所示。这种模型强调将模型带入具体的环境氛围中，营造相对真实的用户体验。体验模型可用于探索设计阶段没有被发现的问题和机会。第四种，角色扮演。这种模型需要设计师参与其中，在想象的情境中，模拟目标用户完成一系列行为，并发现其中的问题。在扮演用户时，首先需要建立同理心，

图4.21　产品设计演示模型案例（二）（设计学生姓名：唐一童）

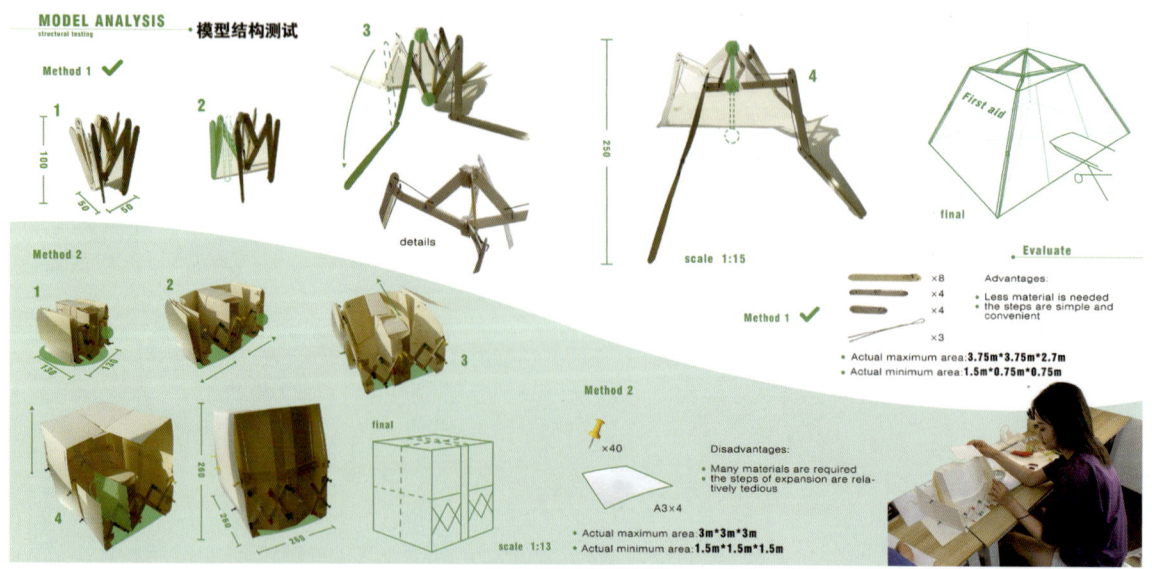

图4.22　产品设计纸板模型案例（三）（设计学生姓名：葛乃铷）

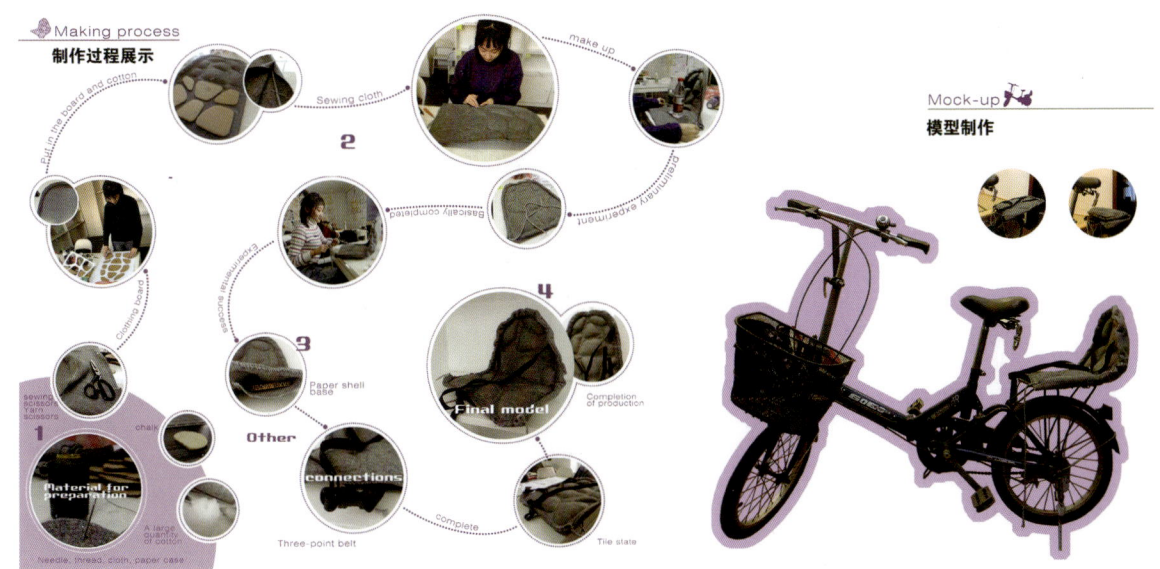

图 4.23 产品设计体验模型案例（四）（设计学生姓名：葛乃铷）

尝试与用户产生共鸣；其次，在角色扮演活动中，进行详细记录，用于随后的设计决策与评估。第五种，快速成型。这种模型利用电脑速控技术制造具有细节的实际产品或样机模型，设计师先利用电脑软件制作虚拟三维产品模型，再将电子数据输入数控机器之中，可以制造出单件或者小批量的样机模型用于测试。

此外，还有两种演示模型可用于面向未来的概念产品设计测试。其一，场景预测法。场景预测法常用于设计概念初期，强调在未来环境中，用户对产品的态度和看法。在这种原型中，可以使用照片、视频等媒介模拟未来产品使用的情境，并要求用户给予反馈意见。其二，故事板。故事板是一种设计概念的视觉分享原型，尤其有利于跨文化语境的沟通。高质量的产品故事板可以将产品未来使用的情境绘声绘色、引人入胜且清晰易懂地描述出来，而且可以直观地获得用户的反应和反馈。

4.7 用户测试

在产品设计开发过程中的许多阶段，无限的创意和自由的思考都会给产品设计团队带来灵感，而且随着产品概念的不断深化，设计的走向和每一步面临的抉择进程都需要设计团队反复推敲。尤其是在新产品的开发进程中，概念的测试和评估需要不断地重复进行，通过测试团队可以不断地找到新的设计突破口，并在正确的方向上继续深化设计。在上一节中，讲述了产品原型的类型和使用方法，当设计方案经过草图和模型等原型构思到一定程度之后，就可以按照预先准备好的测试流程对概念和原型进行用户测试，检验设计方案是否符合设计的各项指标。

为了避免个人因素在设计决策中造成某些误差，设计团队的所有成员可以共同参与其中。而且，为了进行客观的测评，设计团队还可以邀请客户和公司的相关人员加入其中。加入各方利益相关者的评测团队有利于从多个角度对设计进行评估反馈。明确的设计测评会考虑产品的制造标准、改进产品的制造过程，并且会使产品设计与制造公司的加工能力相匹配。此外，对概念产品的模型和样机进行测试，可以帮助设计团队降低设计中的不确定因素和在不同设计、生产、使用等阶段产生的潜在问题；同时，测试结果可以帮助设计团队建立高效的沟通机制，辅助企业更加迅速地将产品投放市场。产品设计测试模型案例如图 4.24 和图 4.25 所示。

接下来将测试过程细化成以下几个阶段，帮助设计团队快速进入产品设计测试阶段。第一阶段，招募评估专家。根据轻量级测试方法先驱杰柯柏·尼尔森博士所提倡的"打折的可用性"测试标准，针对产品测试招募专家的人数一般为 5 人，每个人都能发现一部分问题。所遴选的专家需要具备资深产品设计实践者、产品设计高级教员等资历。鉴于不同产品所涉及领域的特点，还需要邀请具备不同领域专业知识背景的专家加入评估团队。

第二阶段，选择参与产品设计的目标用户和消费者。参与产品模型测试实验的对象可以是经常购买此类产品且具有资深消费经验的目标用户，具体遴选时应注意尽可能调动新用户和相关消费者参与到实验测试之中。他们参与测试并有可能成为未来消费群体，这是产品测试价值的一种有利验证。

第4章 产品设计程序 / 069

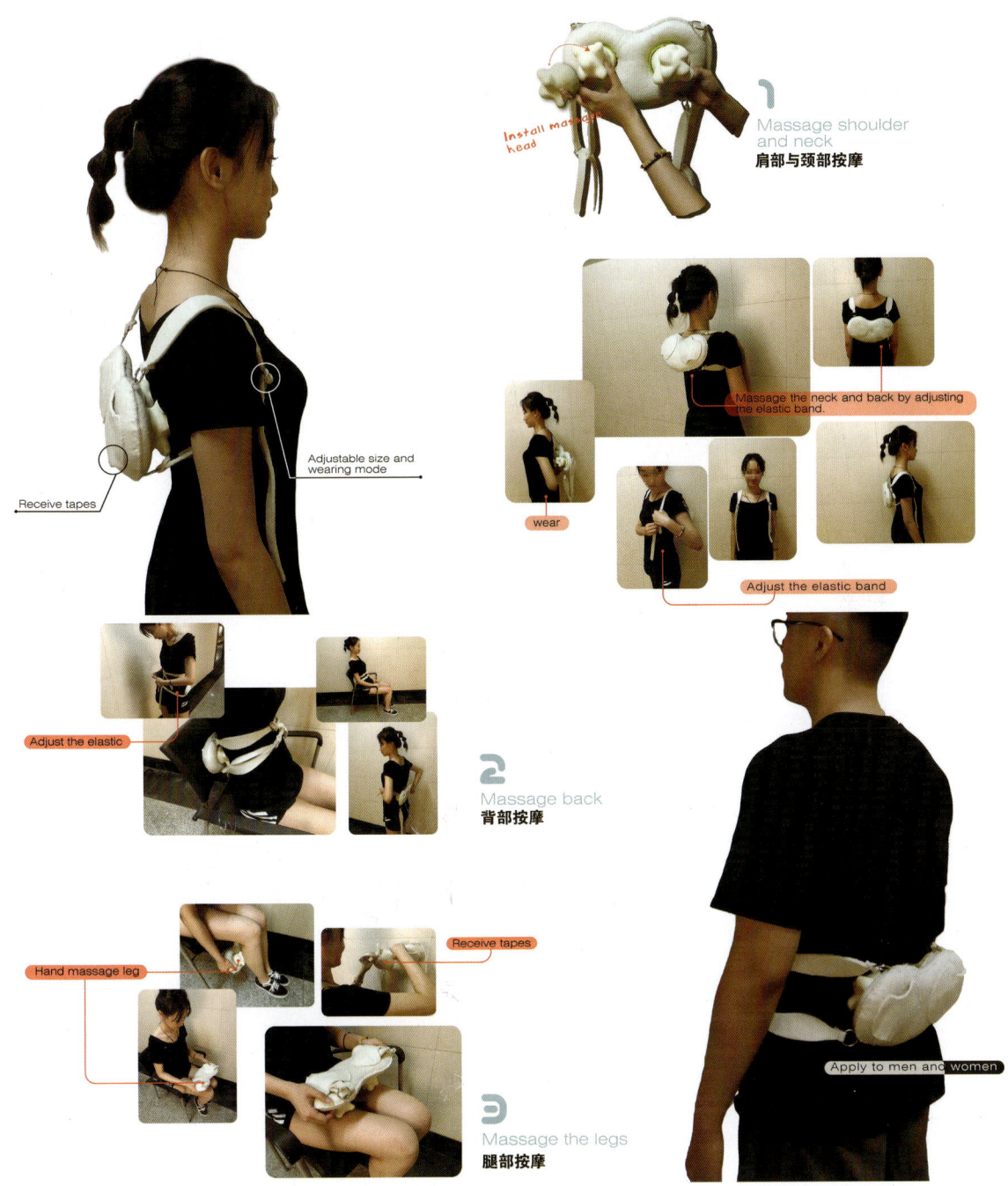

图 4.24 产品设计测试模型案例（一）（设计学生姓名：葛乃铷）

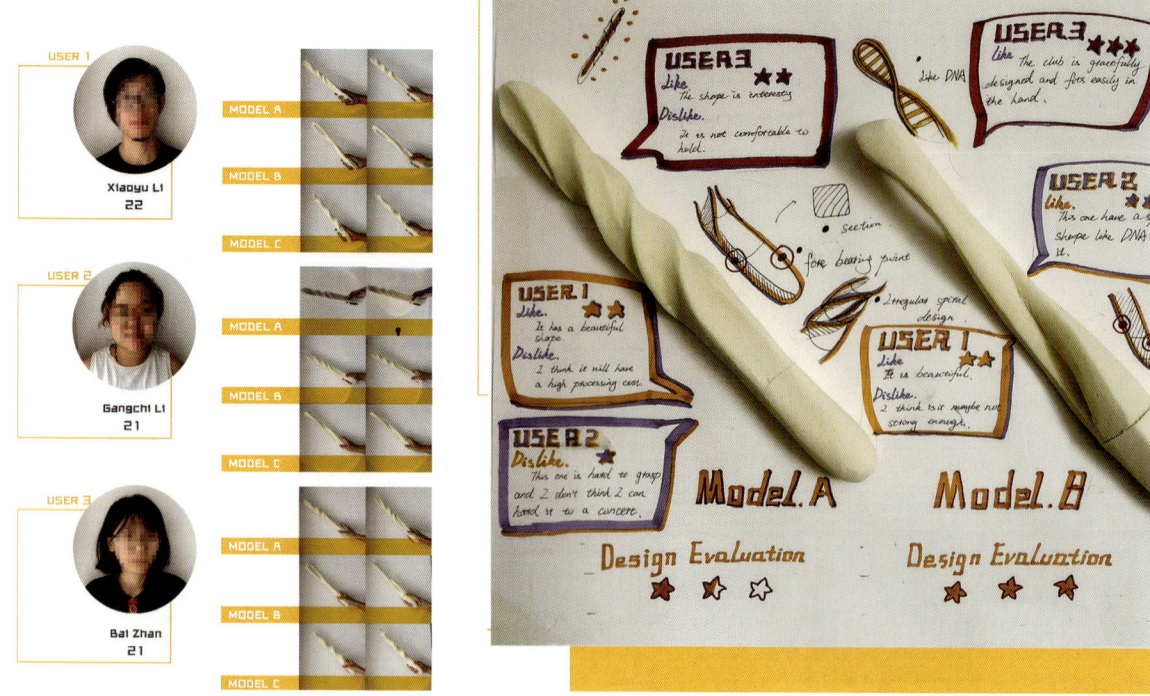

图4.25 产品设计测试模型案例（二）（设计学生姓名：李港迟）

第三阶段，制订测评计划。设计团队需要制订整个测试流程，并向受试者和评估专家进行讲解，其中包括制订测试流程和计划、交代测试任务、制定测试后的用户反馈问卷。设计团队还要引导受试者完成各项任务并记录过程，将记录与成果等资料向评估专家进行汇报。

第四阶段，实施测试并记录过程。明确测试计划后，设计团队开始对用户进行模型测试，测试辅助人员在这个过程中进行视频和影像记录。在这个过程中，需要特别注意的是，记录人员应处于暗中观察状态，以免打扰用户集中精力完成设计任务。测试结束后，记录人员应将资料分类整理，并提交给专家评审；同时，抽样选择部分参与测试的用户完成测试体验答卷。

第五阶段，召开评价人员会议。当所有参与人员都完成了各自的测试后，设计团队需要召集大家开会研讨。首先，设计团队的代表人员为大家汇报评价结果，其他评价人员一边听报告，一边分享自己的测试体验；其次，参与人员就体验中发现的痛点问题提出解决建议；最后，将整个测试过程和成果整理成相关报告。

4.8 视觉呈现

在整个概念构思过程中,面对一个设计项目,产品设计团队往往会绘制上百张草图。当设计师将概念草图呈现给客户或者团队其他成员的时候,也可以对相对粗糙的草图进行精细加工,让设计更具吸引力。那么,在将二维草图转化为三维概念和三维产品的时候,计算机辅助设计软件可以帮助设计师进行产品三维效果处理,将产品的仿真效果呈现出来,如图4.26所示。

图 4.26 产品设计仿真效果呈现案例(设计学生姓名:王菝)

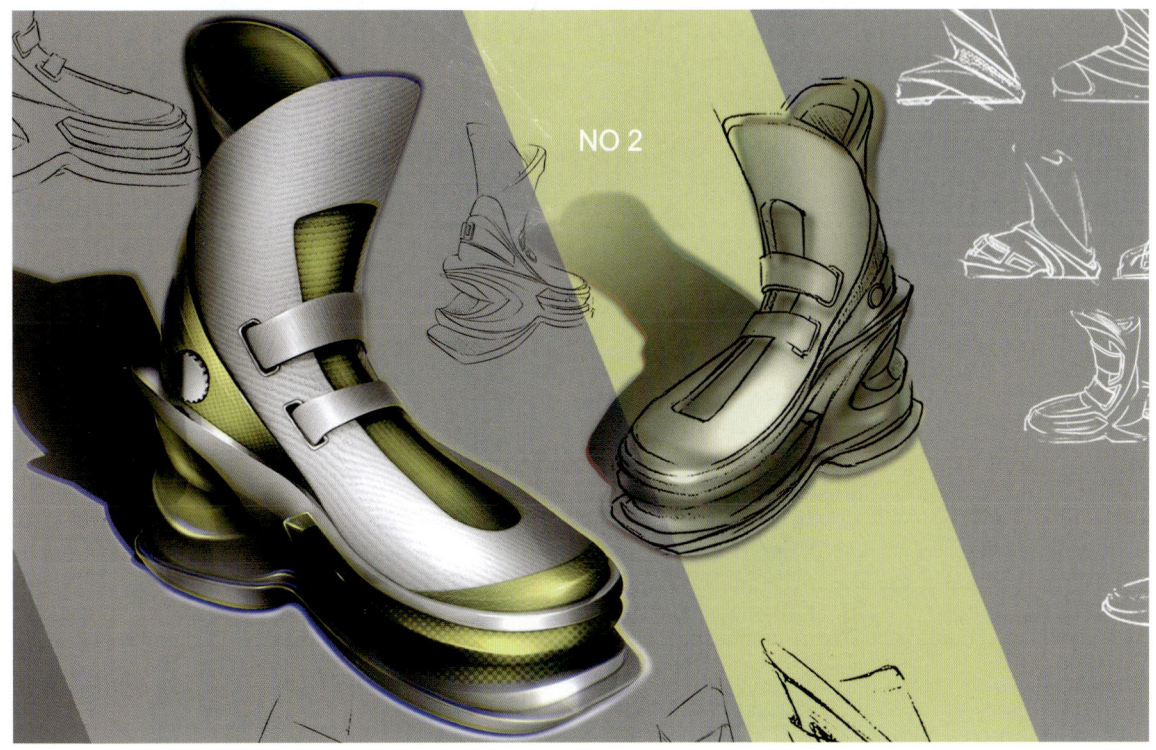

图 4.27 产品设计立体效果呈现案例(设计学生姓名:苏悦)

Photoshop 软件依然是当前最主要的图像处理软件，被誉为平面设计专业领域的行业标准。尽管这样的软件以二维图像表达为主，但将手绘或者电子草图输入软件后，通过多种图层叠加处理，还是可以将产品的立体效果充分表达出来，如图 4.27 所示。在这个过程中，设计师需要多积累立体表现的经验，才可以表现诸如产品高光、反光、不同材质等细节。

通过绘画的形式，设计团队可以对一些产品的概念和外形做出解释，但为了匹配生产制造的标准，面对复杂的产品结构和形式时，需要更高级的设计软件才可以发挥出他们的独特优势。传统的产品实体表现可以利用发泡塑料、黏土或纸板来制作模型，如今，计算机辅助建模软件可以更高效地帮助团队解决产品三维效果呈现问题，如图 4.28 所示。常用的计算机辅助建模软件分为两类：一类是表面建模软件，例如 Rhino，其主要用于外观形式为自由曲面的产品设计；另一类是实体建模软件，例如 Solid Works，其建立的三维模型是实体填充体块，而且为了对接模型生产，在建模过程中，设计师需要按照产品的真实比例、尺寸进行输入。随着软件技术的不断发展，不同种类的模型也在不断地更新版本，进行功能补充，创造出更加适合设计师和工程师使用的软件。

目前，大多数实体建模工具使用参数化建模的方式，参数化可以用来定义 CAD 模型的维度和属性。无论是手绘草图还是工程制图，各种用于概念与技术沟通的方式几乎都可以被计算机辅助软件所取代。产品的形式、设计的意图、细节与规格等都可以通过 Auto CAD 进行展示。Auto CAD 是一种工程制图软件，在许多设计领域广泛使用。工程制图通常具有清晰的产品结构，以及关于产品生成制作的说明，可以帮助设计团队探讨和深化产品设计。工程制图中所包含的内容有产品二维正投影图（正视图、侧视图和剖面图等）和产品的三维投影图（轴侧投影图、斜轴投影图等）。

【复合产品样机案例（设计学生姓名：刘华琛）】

图 4.28 产品设计三维效果呈现案例（设计学生姓名：刘迈）

4.9 样机开发

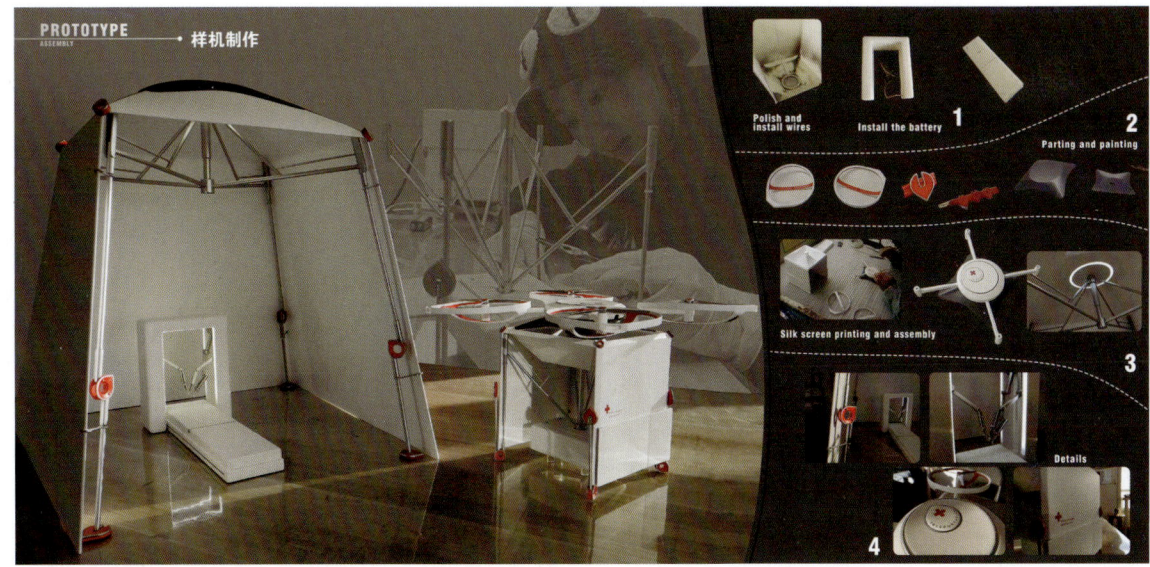

图 4.29 产品样机制作案例（一）（设计学生姓名：葛乃铷）

样机开发是产品设计过程中，在产品投产阶段之前的关键节点。产品样机开发涉及从细节设计到材料设计再到制造工艺等环节的知识，为产品生产制造提供充分的技术支撑。产品投放市场后会涉及大量经费的投放，为了规避资金和劳动力浪费等巨大风险，产品的样机制造可以确保各方面高保真展示在产品投产后所呈现出的稳健状态，如图 4.29 所示。

4.9.1 细节设计

细节设计阶段将最终选择的概念设计转化为具有实际功能细节的产品。完整的产品细节设计包括精确的尺寸和生产规格，这些细节会和材料设计、制造工艺等相互影响、相互关联，如图4.30所示。产品样机的细节设计处于概念设计和产品制造阶段之间，具体包含以下5个步骤。

第一步，产品分解。将设计分解成微小的单元，随着细节设计阶段的不断深入，每个产品细分的单元需要更加明确，而且完整地反映在相应的制造与结构图纸中，以便设计师与工程师确认每个局部应该如何制造。

第二步，零部件设计与选择。确认产品中的零部件和装配流程，全部零部件需要从草图阶段开始设计，有些通用零部件需要按照真实尺寸预设到产品之中。

第三步，产品整合。将各零部件和结构整合并装配到最终产品，设计团队需要确认每个局部，并确认装配制造工程图。

第四步，产品原型测试。设计团队进行实体样机制作，其中包括外观模型和测试模型，用于深入开发和产品测试。

第五步，制造标准列表。将本次设计产品的信息整合到一张信息列表之中，为随后的批量生产做好准备。

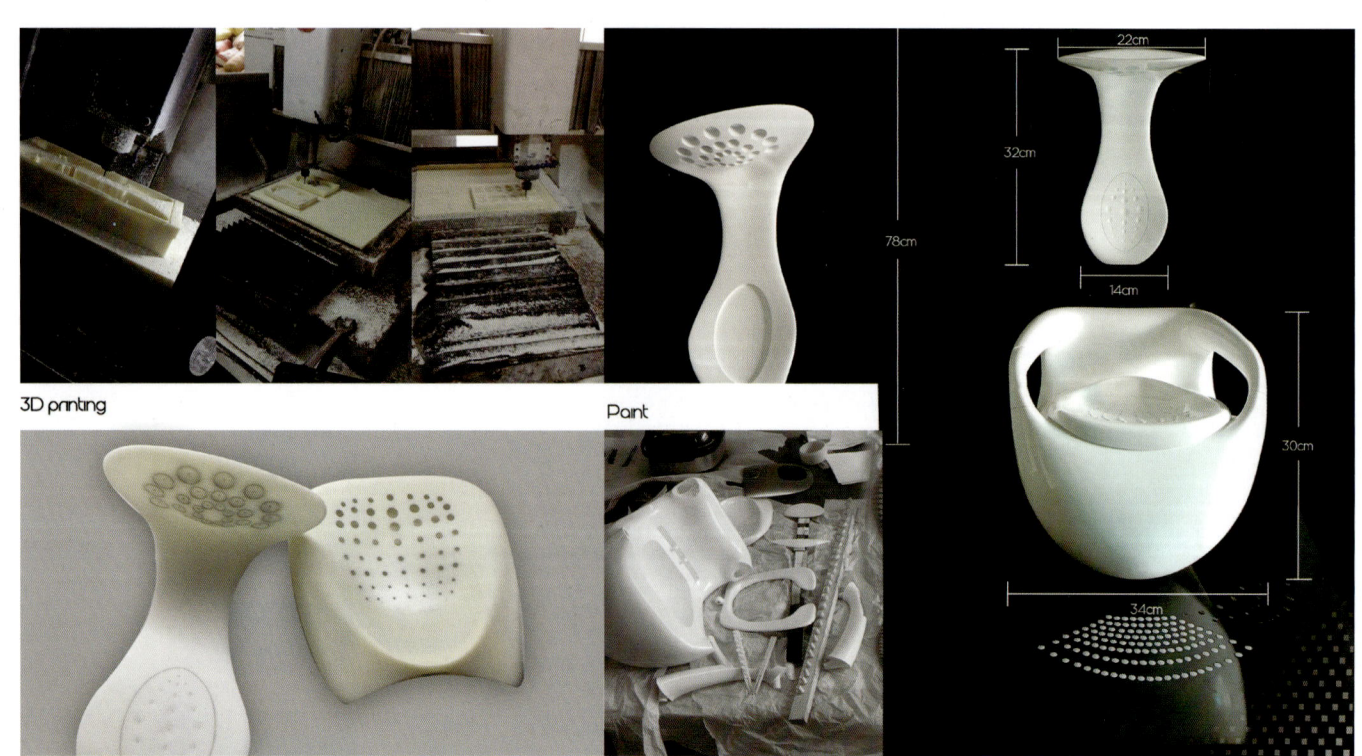

图4.30 产品样机制作案例（二）（设计学生姓名：张依）

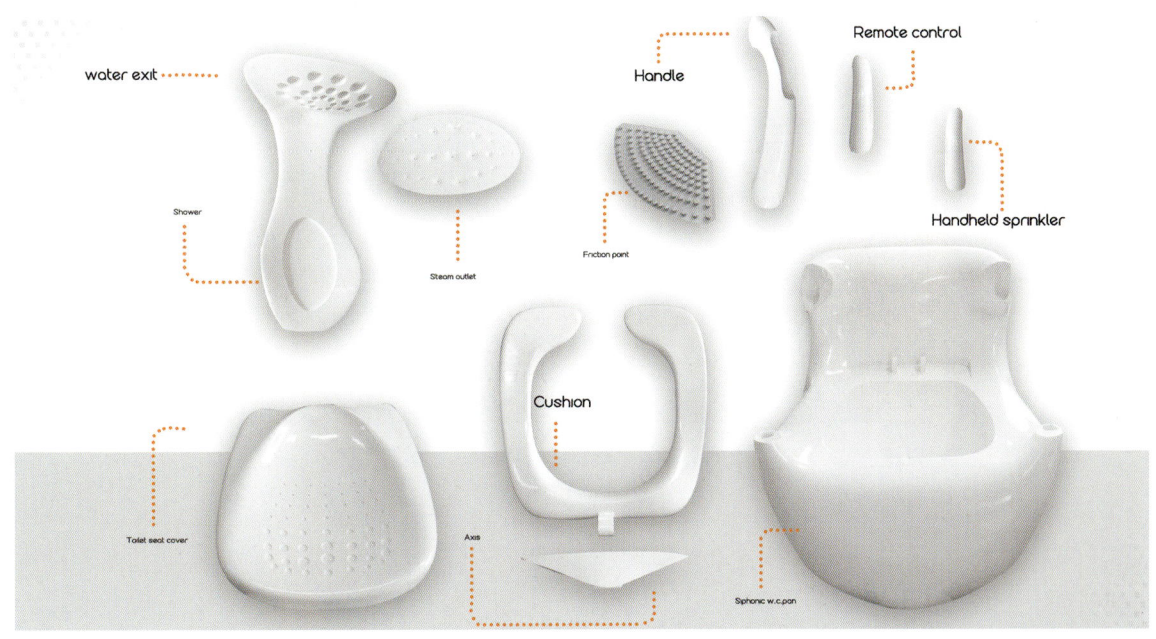

图 4.31 陶瓷产品样机案例(设计学生姓名:张依)

【产品设计效果呈现案例(设计学生姓名:刘迈)】

4.9.2 材料质感

这部分将围绕产品设计中经常使用的材料展开,着重解释材料的属性、材料制造过程,以及材料成型的技术和方法。从材料设计的角度审视,产品设计可以理解为利用合适的材料、合理的技术创造理想产品的过程。在选择材料的过程中,需要考虑诸多相关因素,例如,产品的功能与特征、产品的使用环境与极限条件,还有附着于产品表面的材料所反映出的质感等。同时,在设计材料选择的过程中,设计师应意识到材料对环境的影响,使用可循环的、对环境友好型的材料,有益于产品拆卸和回收的材料,具有强大社会和经济价值的材料,这是未来产品设计发展的重要促进因素。此外,材料的质感、触感、透明度、硬度或吸光率等,都会影响消费者对产品的感知和使用,这些材料质感的细节也同样决定着产品的价值。下面会介绍产品设计中经常使用的材料,帮助设计师了解不同材料的属性和使用情况等。

(1)陶瓷材料(图4.31)。传统陶瓷受到加工工艺的限制,常用于日用品设计之中,如瓷砖、盥洗器皿和餐具等。随着陶瓷制作工艺的发展,许多工业材料、特种材料中也会利用陶瓷的高热传导性,进行精细仪器的设计。陶瓷主要分为粗陶器、陶器、瓷器等。陶瓷材料需要通过不同的高温烧制而成,根据材料密度和坚硬程度的不同,可应用于家用器皿或者公共场所设施等。

(2)复合材料(图4.32)。复合材料是指由两种或两种以上材料混合而成的工程材料,常用于劳动密集型产业,可以增加原始材料的强度,但在生产过程中有时会产生影响环境的因素。常用的复合材料包括：蜂巢结构材料，主要以铝和玻璃纤维为原料，具有轻质而坚硬的特点，多用于建筑结构性材料；玻璃钢，主要由热固性的塑料和普通的聚酯树脂制成，相比普通玻璃更加结实，而且具有较强的可塑性；碳纤维，它是一种由碳纤维纱线编织而成并混合树脂制成片状材料，这种材料具有非常理想的强度，经常使用在高性能产品之中；层压材料，将材料叠层黏压制成，如合成木就是一种常见的层压材料，由许多木片叠压而成；人造橡胶，它是一种高分子聚合物，由大量微小的结构单元重复排列组成，具有良好的弹性。

（3）玻璃材料（图4.33）。玻璃可以呈现出无色透明的状态，也可以混合其他元素制成各种彩色或降低透明度的坚硬材料，用途极为广泛。玻璃对光具有折射性和反射性，可以通过高温熔解拉制制成各种形状，因此玻璃的应用给产品设计师带来了无限的创新灵感。由硼硅酸盐制成的玻璃具有更高的熔点，而且耐高温，因此可以用于汽车的前照灯、实验器皿和炉灶设备的制作。

（4）金属材料（图4.34）。金属材料为设计师打开了一道材料之门，其丰富的资源种类启发了设计的创新思维。黑色金属包括碳素

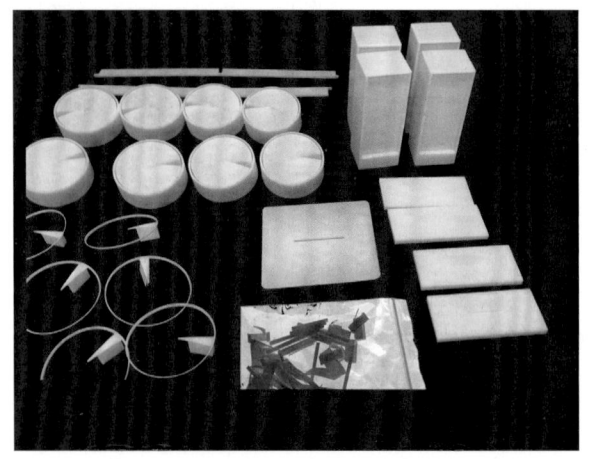

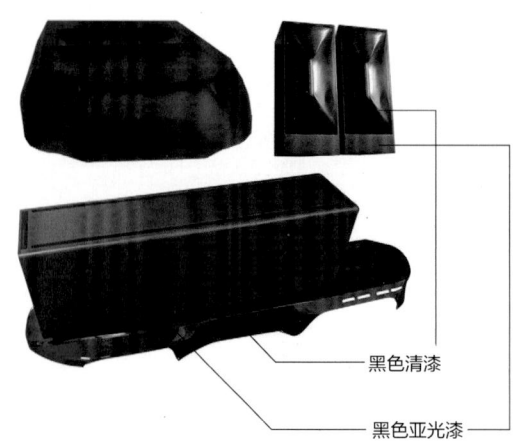

图4.32 复合材料产品样机案例（设计学生姓名：刘华琛）

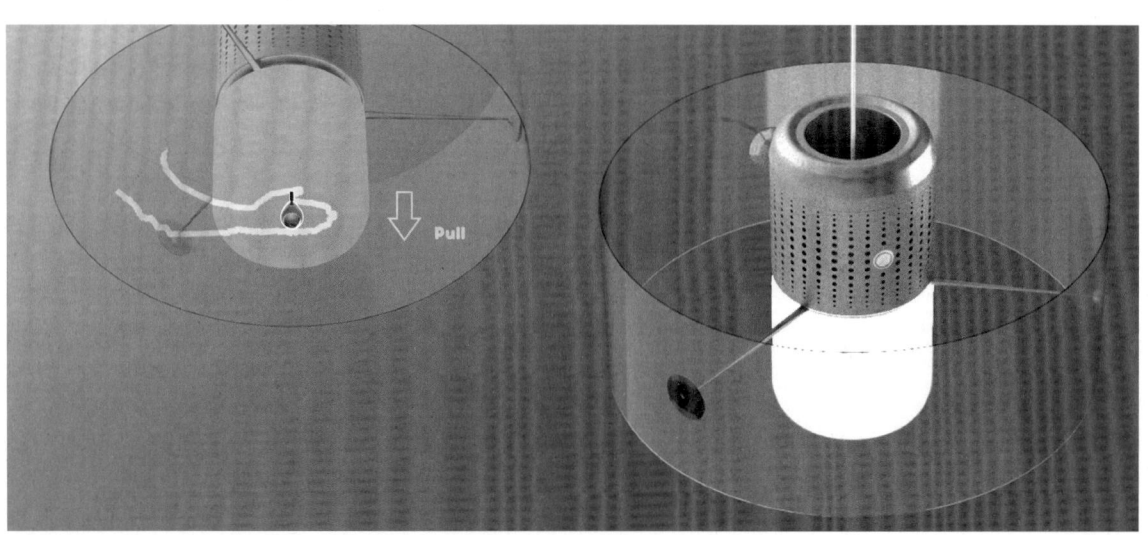

图4.33 玻璃产品样机案例（设计学生姓名：郭津宏）

钢和不锈钢,这种材料非常坚硬、高强度,而且易于制造,可以回收再利用;有色金属与合金包括铝(坚硬、轻质并具有良好的延展性)、铜(可锻造,易于回收,具有延展性、导热性)、镁(坚硬且质轻,易回收)、镍(非常坚硬,可锻造,具有延展性、磁性,可以镀在其他金属表面)、贵金属(从金、银到铂,可以提高产品的消费价值)、锡(具有锻造性、延展性、抗腐蚀性)、钛(具有抗腐蚀性,常用于高性能的产品之中)、锌(经常用作护涂层)等。

(5) 塑料(图4.35)。塑料在日常生活中随处可见,时常被看作廉价的代名词。塑料以高性能、低成本的特点迅速成为金属的替代品,如今应用领域更加广泛,并逐渐向高品质产品中渗透。在对未来影响较大的塑料材料中,生物塑料由植物淀粉或聚乳酸制造而成;不久的将来可能会从家用垃圾中提炼出的高分子聚合物,可弥补塑料的不足,增加可降解性;热塑性塑料包括ABS、尼龙、聚乙烯、丙烯酸、聚氯乙烯PVC等,具有良好的延展性和可塑性,经常代替玻璃、陶瓷和金属等满足一些产品的使用功能,但是有的材料如PVC在分解过程中,会释放大量的有毒化合物,对环境影响极大,因此在塑料选择时需要注意;热固性材料包括环氧基树脂、树脂(PET)、聚氨酯(PU)等,可以用于具有抗热、阻燃等功能的产品,也可以用于制造衣物和橡胶制品等。

(6) 木材(图4.36)。木材的种类繁多,不同密度和质地的木材可以表现出完全不同的美感。在加工处理木材时,可以采用不同的工艺,制造出家具、地板等不同的现代生活用品。如今,对木材的创意使用也成为设计领域的热门话题,例如,利用竹子制成的用品,具有独特的拉伸强度,这得益于竹子的独特纤维结构。木材的加工工艺分为冷加工和热加工等,其中,热加工可以实现木材优雅的曲线造型。

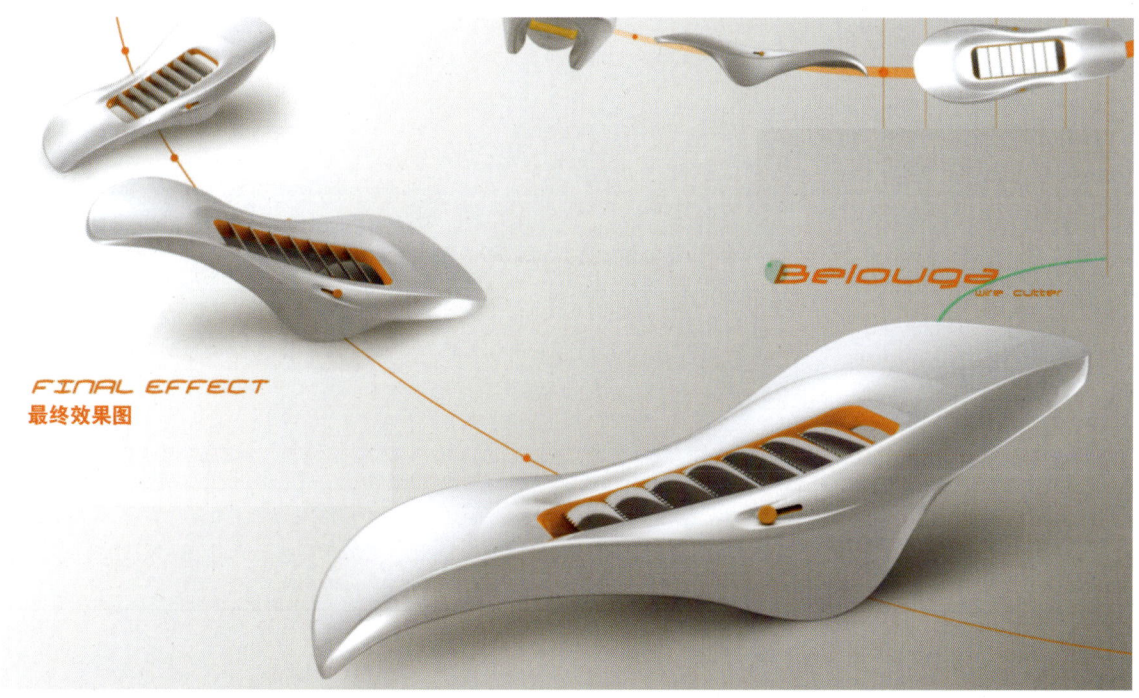

图4.34 金属产品样机案例(设计学生姓名:刘迈)

图 4.35 塑料产品样机案例（设计学生姓名：史溢明）

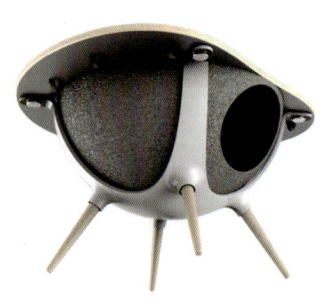

图 4.36 木材产品样机案例（设计学生姓名：郭津宏）

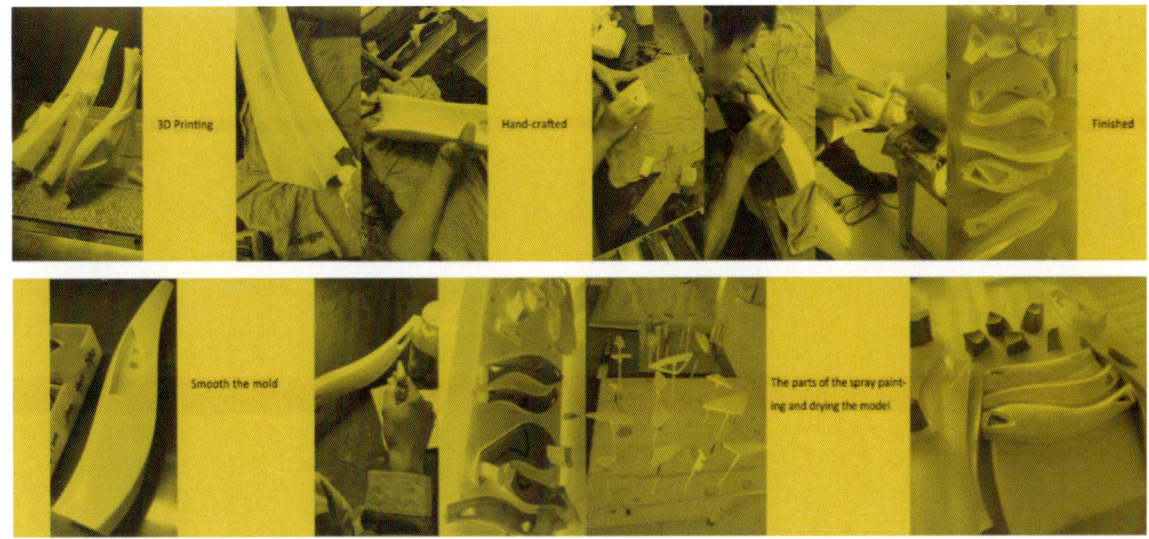

图 4.37 产品样机机器加工案例（一）（设计学生姓名：刘迈）

4.9.3 制造工艺

产品的制造可以解释为将原始材料加工成完整的零部件，然后将零部件组合成具有功能性产品的过程。在过去的产品制造过程中，设计师经常与工程师发生冲突，其主要原因在于产品开发过程中设计师缺乏对设计生产制造流程的跟进和知识储备，最终导致工作效率低下。产品制造的过程包括复杂的流程和技术，设计师需要不断地了解并学习相关的制造方法、产品装配流程、材料选择经验，以备和工程师协同合作之需。现代的产品设计开发更是强调设计师与工程师共同参与设计制造，共同分享概念和数据，并在随后的产品的制造和装配中并行设计，如图 4.37 所示。

在产品设计中，材料的选择和制造过程并非相互独立，制造过程会影响材料的选择，材料的条件同样制约着制造的过程。同时，产品设计师应关注产品的制造成本，如模具的成本会分摊到每个制造的零部件成本之中，而成本的多少主要取决于零部件的复杂程度和制造数量，从而影响制造过程。总而言之，设计师不仅需要重视产品的形式，而且需要兼顾使用性、产品的视觉感受和制造效益。除了意识到材料与制造的关键作用和方法之外，设计师还有必要关注生产技术的发展与设计趋势的变化，这些都有助于设计团队在设计项目中与工程师形成良好的合作关系。

如图 4.38 所示,在产品的样机制造阶段,许多产品的模具经常需要反复地测试与改进,以避免在生产加工时出现各种问题,并且确保产品各部件及零件有效生产。产品样机模具的成型方法可以归纳为 5 种,即切削、连接、铸造、快速成型和生成。其中每一种成型方法还包含具体的制造方法,除此之外,还有许多工艺技术用于完善不断迭代的产品模具,如印刷、喷涂和雕刻等。

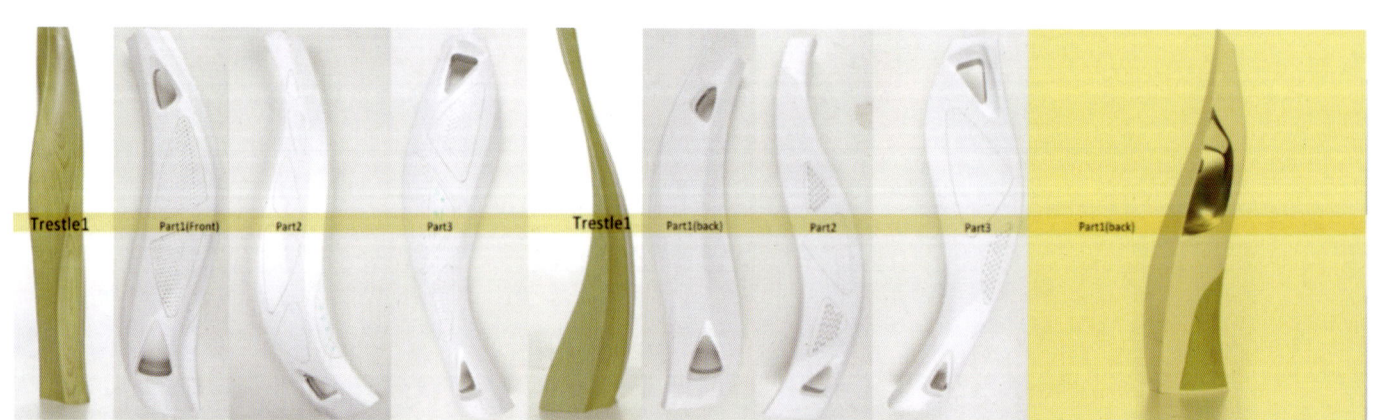

图 4.38　产品样机机器加工案例(二)(设计学生姓名:刘迈)

4.10　情境展示

产品情境展示可以帮助概念产品在其真实的使用情境中去进行更全面的展示。情境展示的优点在于可以给用户带来真实的代入感并引发用户对产品的认同和共鸣；同时，设计师可以利用情境展示产品的功能、使用方式、人机互动方式等，如图 4.39 所示。对于一些具有隐喻的设计，可以利用情境为用户进行设计叙事和背景描述。情境展示常用于产品概念的成形阶段，产品的效果图、原型等都可以用于情境展示；同时，为了让用户产生身临其境的使用体验，许多设计团队会为产品的原型和样机搭建模拟的使用情境，这样有助于用户对产品做出更全面的体验反馈。

IDEO 的设计标准中包含一条：以人为本的设计基于同理心。也就是说，为之设计的人是通往创新解决方案的路线图。设计师在设计过程中所要做的就是始终参与其中，感同身受地去理解用户。通过观察法可以发现，用户是自己生活和经历的专家。因此，理解用户所处的环境对于创造真正创新的产品是至关重要的。在设计概念形成的早期阶段，设计师可以使用情境描绘研究方法来激发和建立同理心。通过情境图展示，不仅可以在设计初始阶段激发设计师的灵感，而且可以帮助设计师深入了解用户的日常生活和过往经历。通过总结可知，情境展示可以通过3个步骤完成：第一步，准备。即在设计情景之前准备好相应的调研资料。第二步，收集。此阶段的主要目的是收集受访者的信息，设计团队可以邀请受访者集中讨论各自的想法，以便设计师深入地了解受访者的需求、感受和梦想。第三步，交流。即与设计团队或项目中利益相关者分析并共享见解，确保设计过程在正确的方向上继续进行，并根据以上信息建立产品愿景供用户体验与思考。

【产品样机制作案例（设计学生姓名：李港迟）】

图 4.39　产品样机制作案例（设计学生姓名：李港迟）

4.11　设计程序与方法作业案例

在鲁迅美术学院工业设计学院开设的产品设计程序与方法课程中，教师挑选出一位学生的课程作业，用以展示产品设计的相对完整流程。按照要求，这位学生的作业包括从前期调研到设计创意构思再到设计呈现，在作业中都展示了其可以熟练使用设计程序和方法的相关内容，来传达和完善自己的设计目标和内容。这位学生的设计课题是在快递垃圾对环境的威胁日益严重的现状下，思考如何通过创意设计让快递包装获得再次利用的机会。沿着这个思路，这位学生进行了如图4.40～图4.53所示的设计报告展示。

图4.40　产品设计程序与方法——设计目录（设计学生姓名：赵良元）

图4.41　产品设计程序与方法——思维导图（设计学生姓名：赵良元）

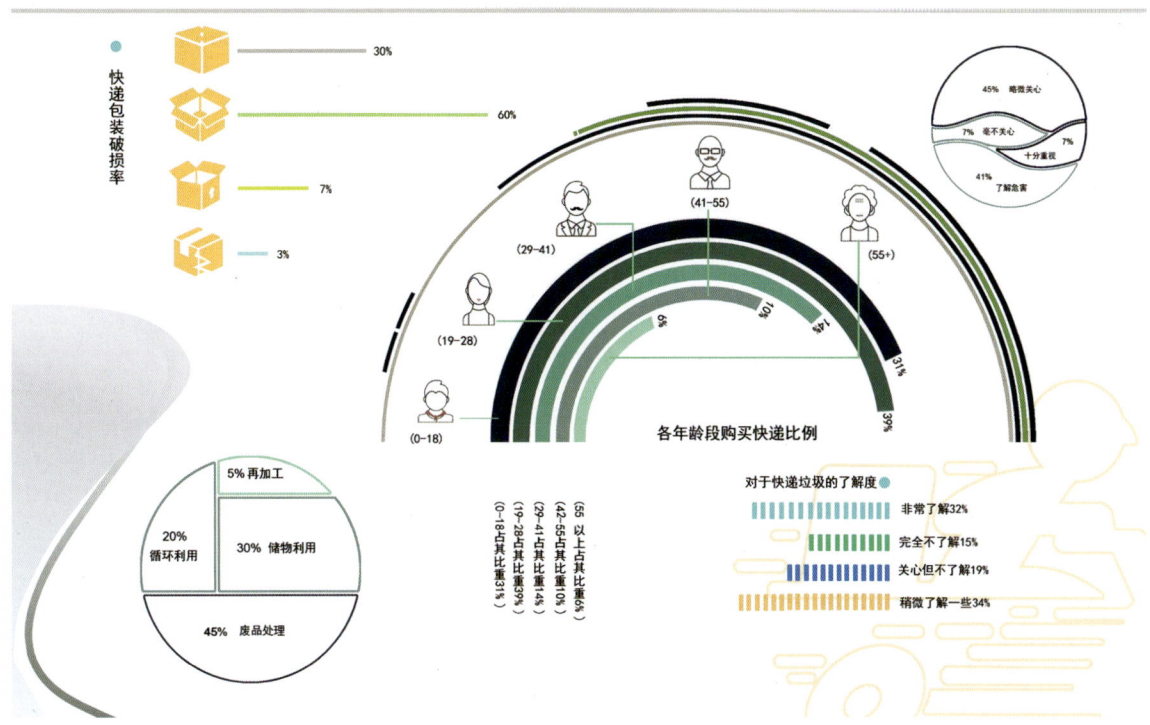

图 4.42　产品设计程序与方法——用户调研（设计学生姓名：赵良元）

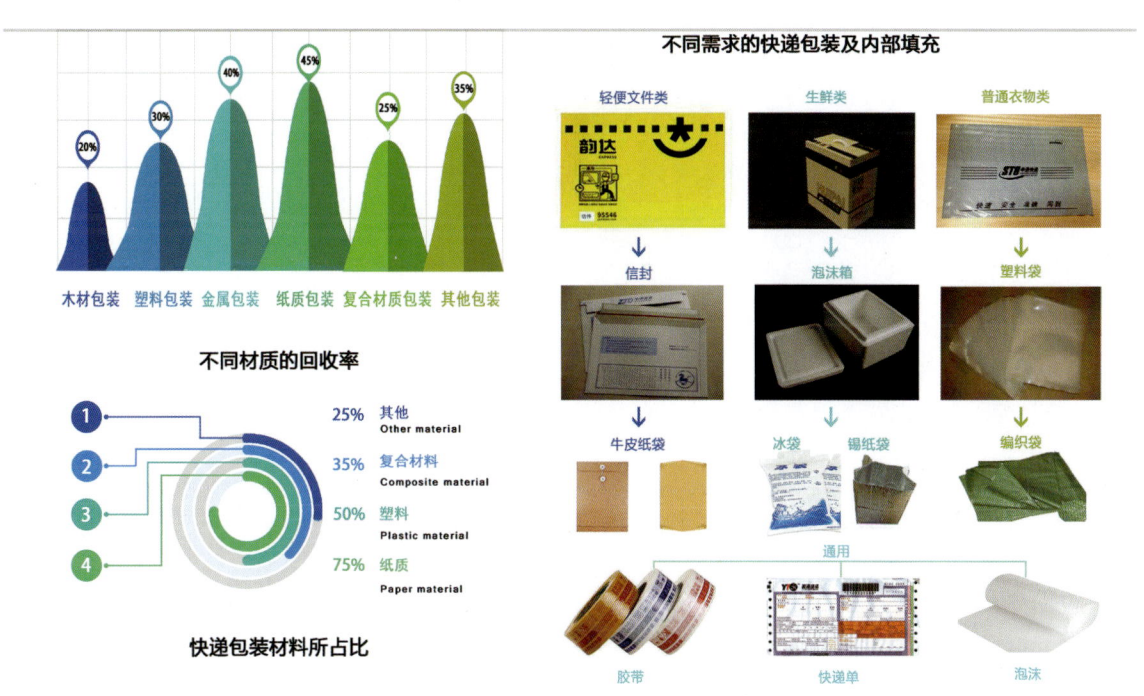

图 4.43　产品设计程序与方法——市场调研（设计学生姓名：赵良元）

设计定位 **Position Design**

  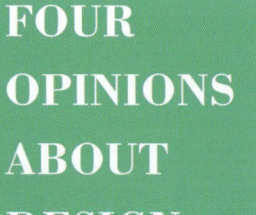  

图 4.44 产品设计程序与方法——设计定位（一）（设计学生姓名：赵良元）

设计定位 **Ideation**

首先，对快递盒进行分析，明确其特征，研究纸盒材料的特性，明确特定的使用环境然后对其进行设计和改良。
Firstly, the express box is analyzed, its characteristics are defined, the characteristics of carton materials are studied, the specific use environment is defined, and then it is designed and improved.

最后，进行等比例实物制作，保证其可实现性，更直观地看到产品效果，保证其实用性，检验是否易操作，可以服务于大部分人群。
Finally, we should make equal proportion physical products to ensure their realizability, more intuitive to see the effect of the product, ensure its practicability, check whether R is easy to operate, and serve the majority of the population.

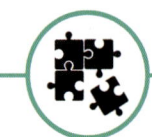    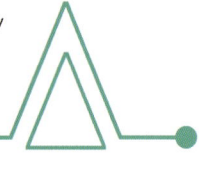

出发点：在保留快递垃圾一次性特征的基础上，对其进行一定的限定和设计，提升其抛弃前的使用价值和实用性。
Starting point: On the basis of retaining the disposable characteristics of express garbage, it should be limited and designed to enhance its use value and practicability before abandonment.

其次，对快递袋进行分析，明确其特征，研究塑胶材料的特性，明确特定的使用环境然后对其进行设计和改良。
Then the express bags are analyzed, their characteristics are defined, the characteristics of plastic materials are studied, the specific use environment is defined, and then the bags are designed and improved.

图 4.45 产品设计程序与方法——设计定位（二）（设计学生姓名：赵良元）

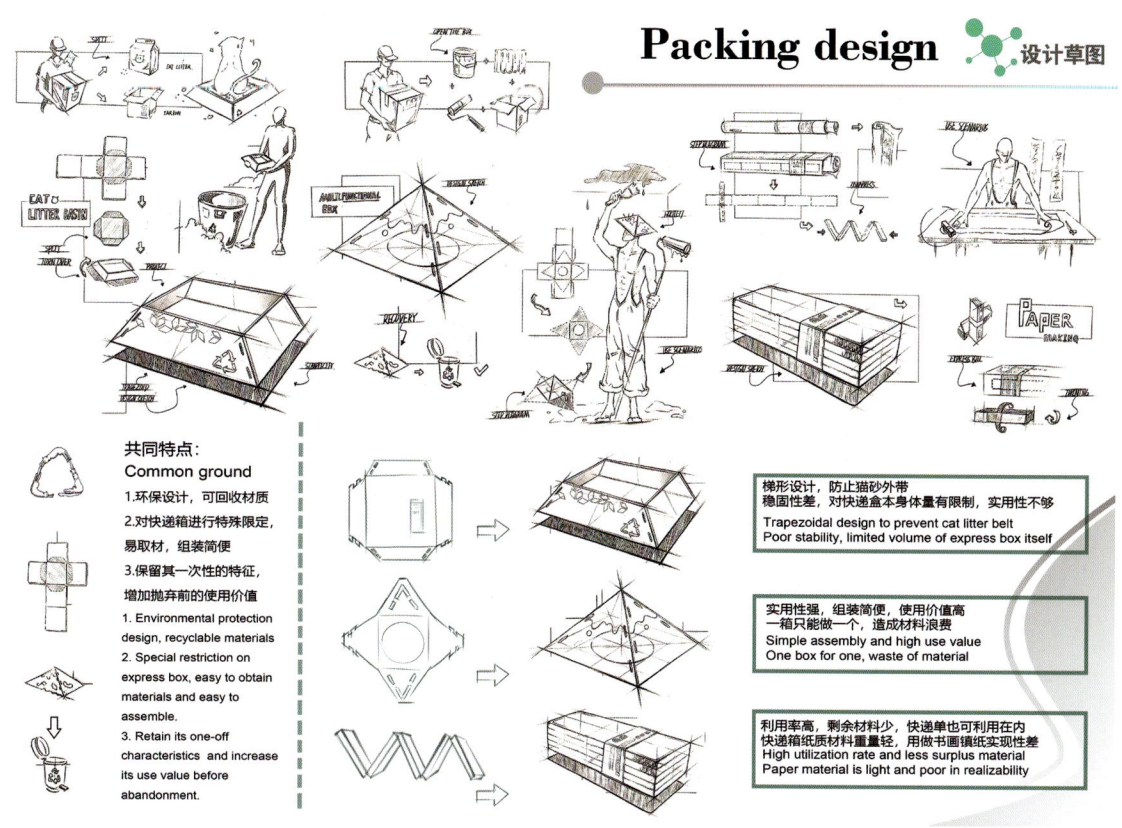

图 4.46　产品设计程序与方法——设计草图（一）（设计学生姓名：赵良元）

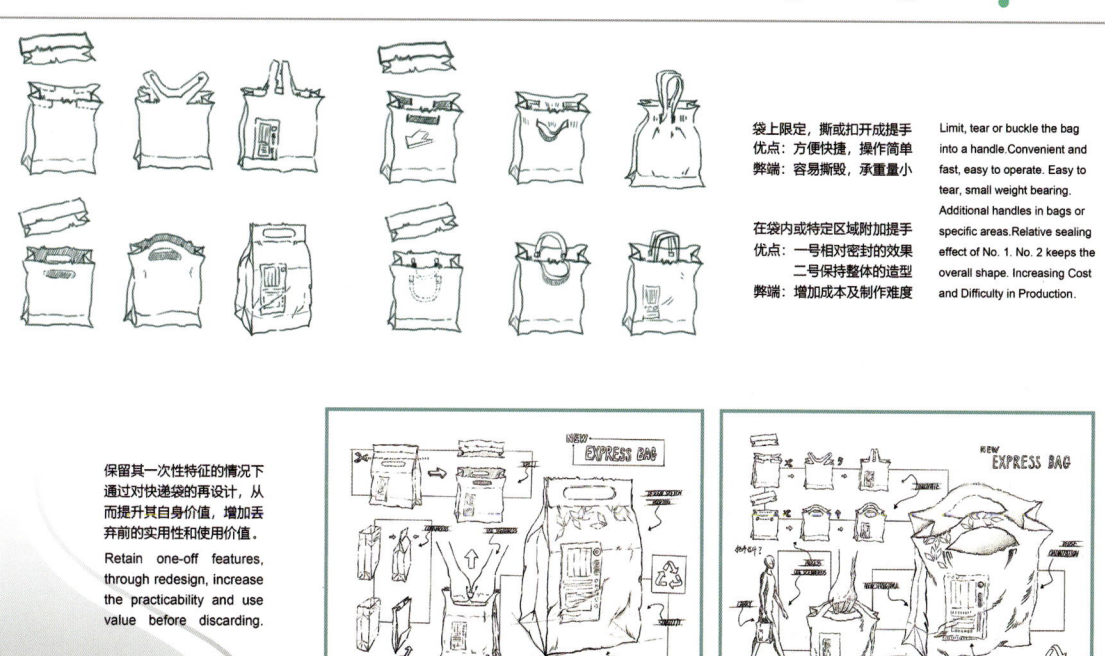

图 4.47　产品设计程序与方法——设计草图（二）（设计学生姓名：赵良元）

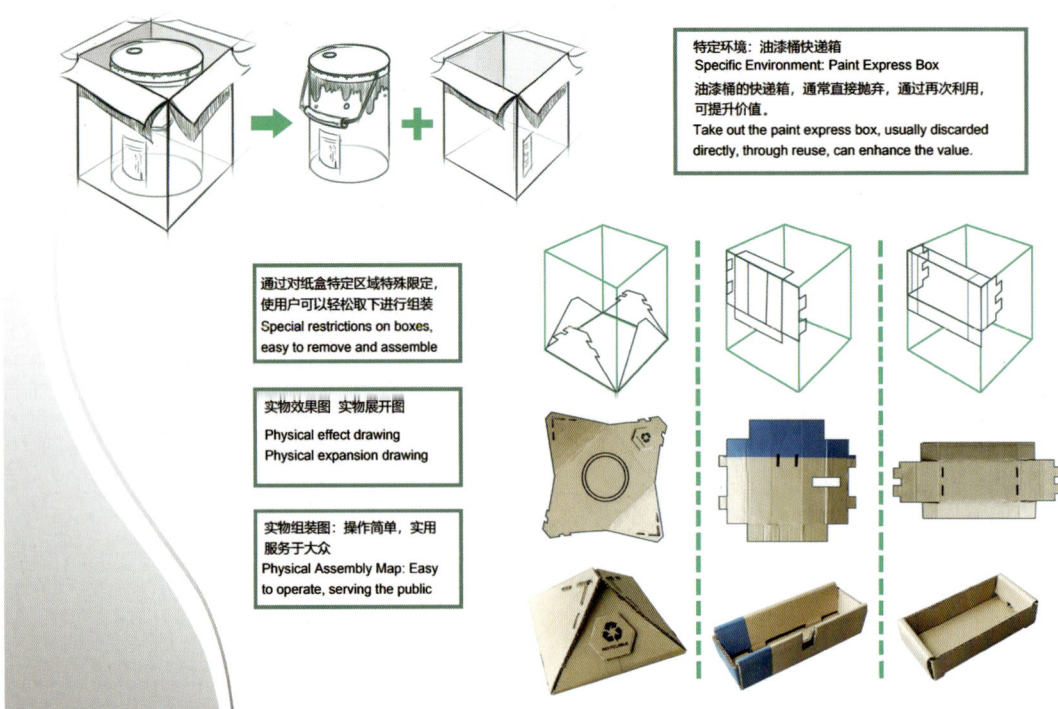

图 4.48 产品设计程序与方法——模型制作（一）（设计学生姓名：赵良元）

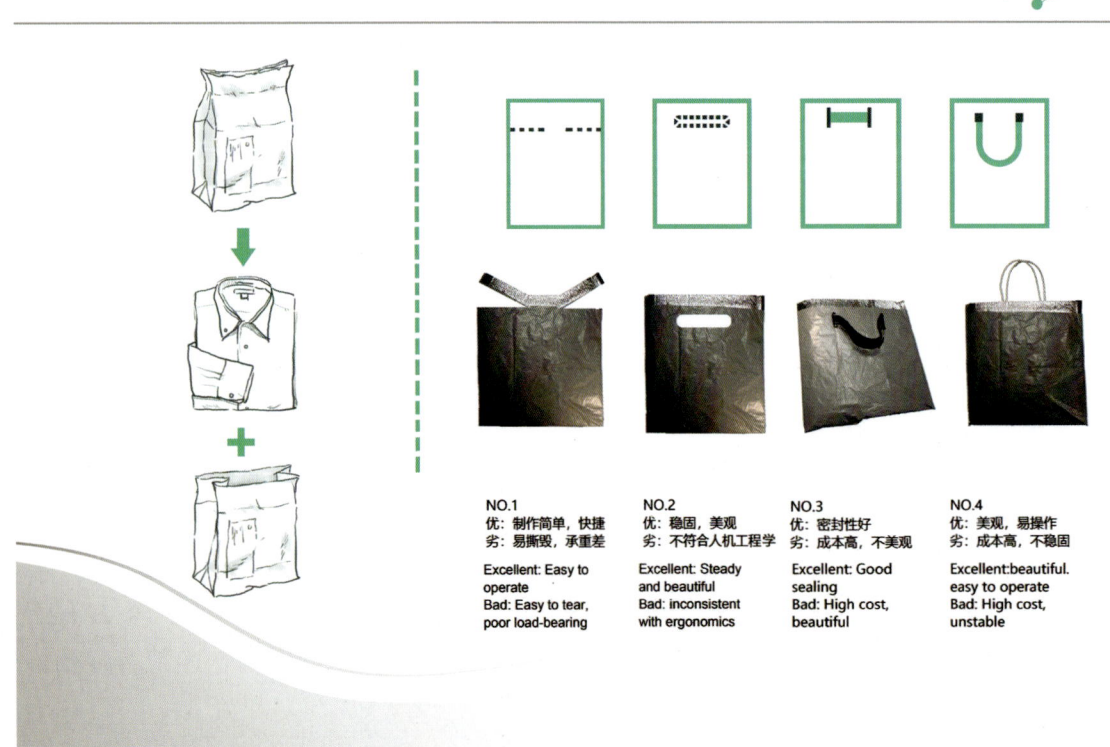

图 4.49 产品设计程序与方法——模型制作（二）（设计学生姓名：赵良元）

第 4 章　产品设计程序　/　087

模型制作　**Packing design**

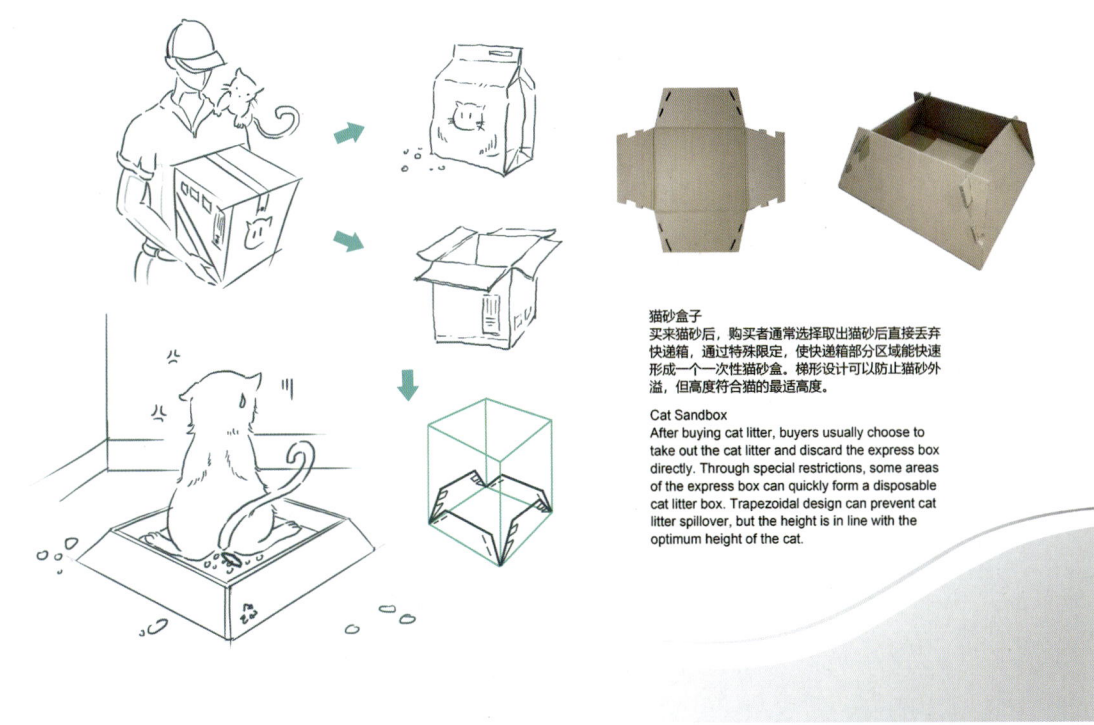

猫砂盒子
买来猫砂后，购买者通常选择取出猫砂后直接丢弃快递箱，通过特殊限定，使快递箱部分区域能快速形成一个一次性猫砂盒。梯形设计可以防止猫砂外溢，但高度符合猫的最适高度。

Cat Sandbox
After buying cat litter, buyers usually choose to take out the cat litter and discard the express box directly. Through special restrictions, some areas of the express box can quickly form a disposable cat litter box. Trapezoidal design can prevent cat litter spillover, but the height is in line with the optimum height of the cat.

图 4.50　产品设计程序与方法——模型制作（三）（设计学生姓名：赵良元）

模型测试　**Test**

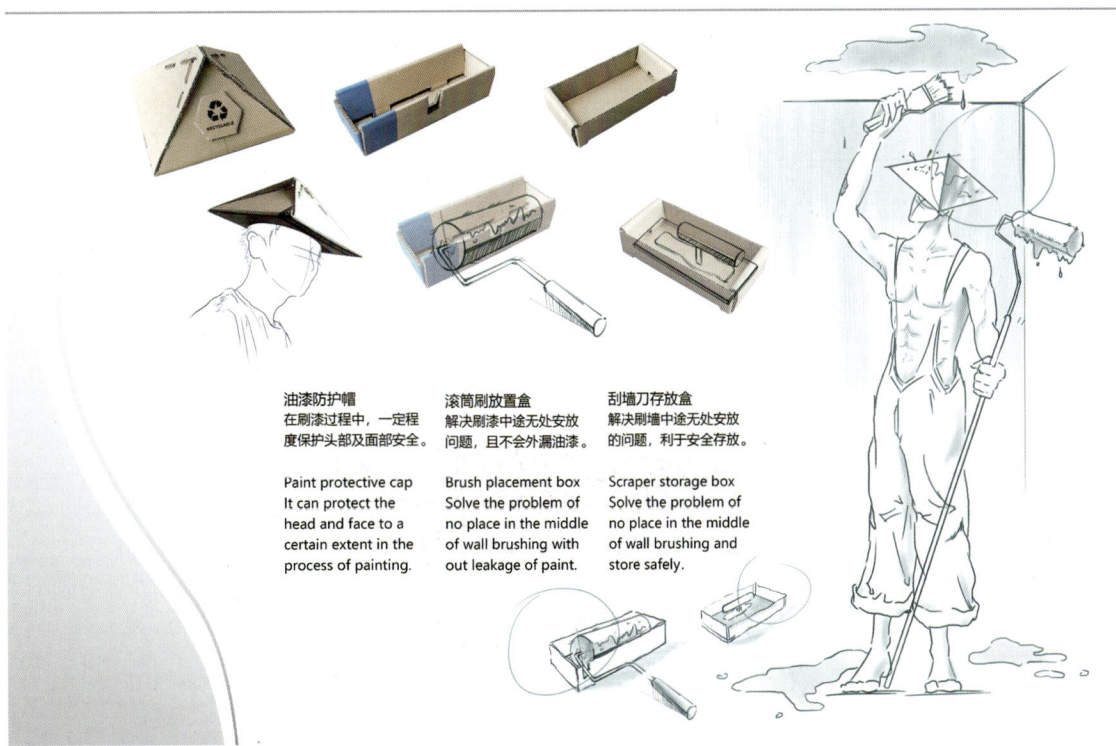

油漆防护帽
在刷漆过程中，一定程度保护头部及面部安全。

滚筒刷放置盒
解决刷漆中途无处安放问题，且不会外漏油漆。

刮墙刀存放盒
解决刷墙中途无处安放的问题，利于安全存放。

Paint protective cap
It can protect the head and face to a certain extent in the process of painting.

Brush placement box
Solve the problem of no place in the middle of wall brushing with out leakage of paint.

Scraper storage box
Solve the problem of no place in the middle of wall brushing and store safely.

图 4.51　产品设计程序与方法——模型测试（一）（设计学生姓名：赵良元）

088 / 产品设计程序与方法

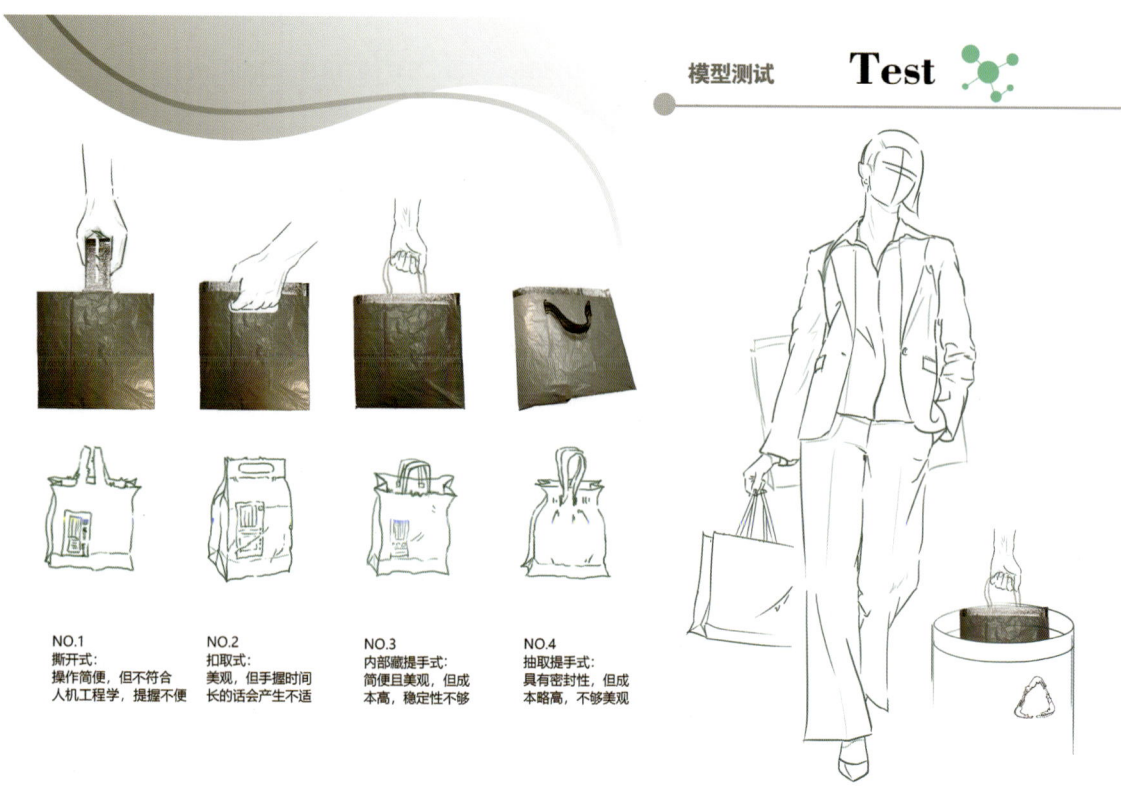

图 4.52　产品设计程序与方法——模型测试（二）（设计学生姓名：赵良元）

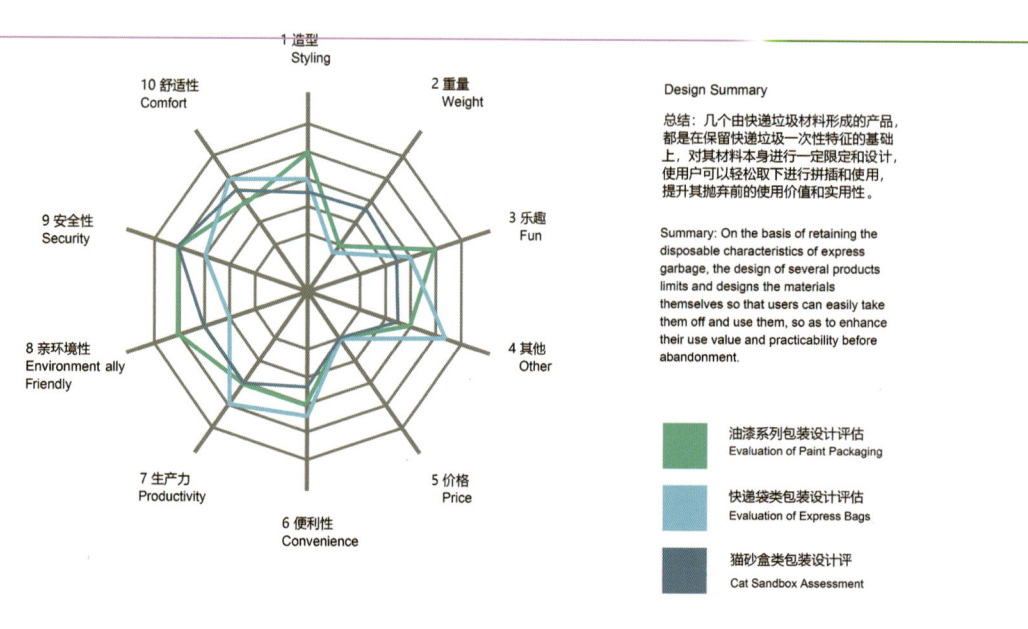

图 4.53　产品设计程序与方法——设计评估（设计学生姓名：赵良元）

本章思考题

(1) 在具体设计之前,如何进行课题陈述?
(2) 产品的主辅功能如何明确?
(3) 为什么在产品设计初期要考虑产品系统开发和服务蓝图?
(4) 产品设计的草图可以分为几个阶段?
(5) 产品的原型包含哪些内容?
(6) 如何进行用户测试?
(7) 产品设计视觉呈现的方法有哪些?
(8) 产品的情境展示有哪些用途?

相关知识链接

(1) 服务蓝图

参见:C.Todd Lombardo, Bruce McCarthy, Evan Ryan, Michael Connors, 2018. 产品设计蓝图 [M]. 马晶慧,译. 北京:中国电力出版社.

(2) 原型

参见:Kathryn McElroy, 2019. 原型设计:打造成功产品的实用方法及实践 [M]. 吴桐,唐婉莹,译. 北京:机械工业出版社.

(3) 样机

参见:杨熊炎,苏凤秀,2018. 产品模型制作与应用 [M]. 西安:西安电子科技大学出版社.

第 5 章
产品设计综合评估

本章要点
- 产品设计概念评估。
- 产品设计原型评估。

本章引言

在本章中,首先需要明确的是,产品的评估并不是在概念设计结束时进行的总结,而是在设计的不同阶段迭代进行的常规任务。通常需要在以下几个阶段对设计进行评估:首先,在课题选择阶段,根据产品的外部条件和内在需求,对课题方向进行评估;其次,在设计执行阶段,可以通过投票选择、优势与不足比较分析等方法对设计草图、实物模型、CAD 产品模型、虚拟 3D 模型进行评估;再次,进入设计的原型和测试阶段,可以通过制定产品规格清单、专家意见、任务列表分析等方式进行评估;最后,到了产品投放市场前夕,设计团队可以通过消费者与目标用户知觉选择、矩阵评估等方法对产品样机进行评估,确保投产进展顺利。

对于设计成果的检测，可以分为总结性评价和形成性评价两类。一般来说，总结性评价在产品测试结束后使用，而形成性评价在测试进行过程中反复使用。对产品设计模型的总结性评价是指检测用户对设计功能、使用方式的综合掌握程度（图5.1），就像学期末的测试一样，在结束一段时间的学习后进行，用分数表示成绩，然后进一步分析得分状况并算出成绩分布、平均成绩等。形成性评价是在产品模型测试的各个阶段进行的，是收集用户对产品的理解程度和反馈信息的一种方法。测试后的生理测试和主观心理评价问卷都属于形成性评价。

在评估产品概念或实物时，可以利用交互原型来进行模拟用户测试。运用交互原型能够快速实现设计师所预设的产品功能，通过邀请用户进行测试，设计师可以获得真实的用户对产品的反馈，并对设计进行改善和调整。所以，设计评估的重要价值在于不仅可以让潜在目标用户了解产品设计概念，而且可以让设计团队客观了解所设计的产品与团队设计目标是否吻合，以及找到存在的差距。如图5.2中的评估数据所示，产品模型测试和评估所呈现出的问题是实际存在的，可以帮助设计师了解现实使用环境中设计所呈现出来的品质。

产品可用性的评估在不同设计阶段可以发挥重要的作用。在评估结果的基础上，可以就设计的有效性、效率及满意度方面提出要求（图5.3）。同时，设计团队要注意的是，受到参与人员、测试模拟环境质量、测试模型实现程度等因素影响，产品设计的评估结果也会存在一些错误和分歧。所以，面对评估结果而做出的设计改良一定要客观，并全面思考解决设计中存在问题的方案，进一步提高产品各方面的质量，为用户体验创造更好的满意度和机遇。

图5.1　产品设计评估案例（一）（设计学生姓名：葛乃铷）

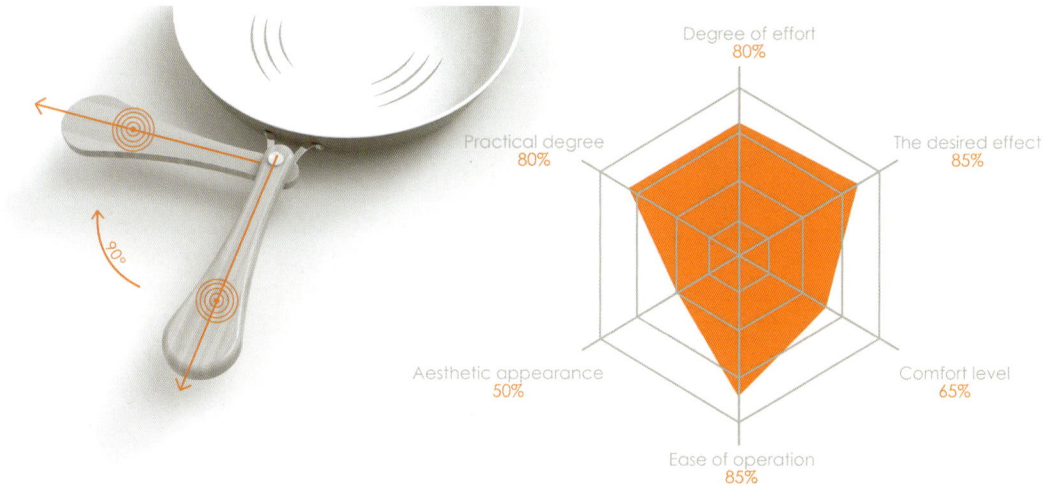

图 5.2　产品设计评估案例（二）（设计学生姓名：李港迟）

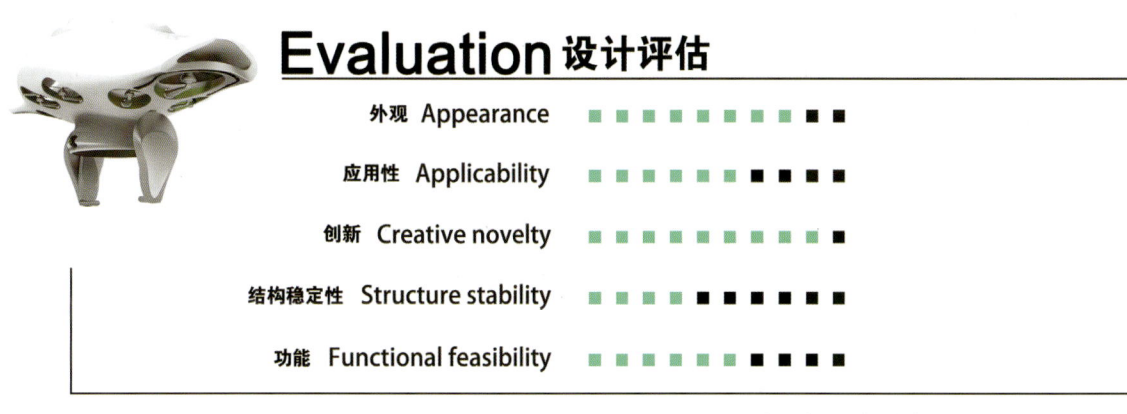

图 5.3　产品设计评估案例（三）（设计学生姓名：赵健宇）

在评估进行之前，设计团队需要精心做好准备工作，其中重要的任务就是寻找评估和测试的参与者。就一次简单的定性评估而言，一般需要 4～10 名参与者，最终形成一份设计改进要求清单。评估可以用音频、图片及视频等方式记录下来，以便用于之后的分析和交流。值得注意的是，评估用户选择需要观察他们是否具有良好的感知能力，如在使用测试模型或者产品时，能否接收到或者自己发现使用线索；评估用户还需要具备良好的认知能力，如他们如何理解产品或者模型中隐藏的线索。这些能力有利于用户完成评估产品或者设计概念的各项任务，也可以为设计的改进提出意见与参考，如图 5.4 所示。

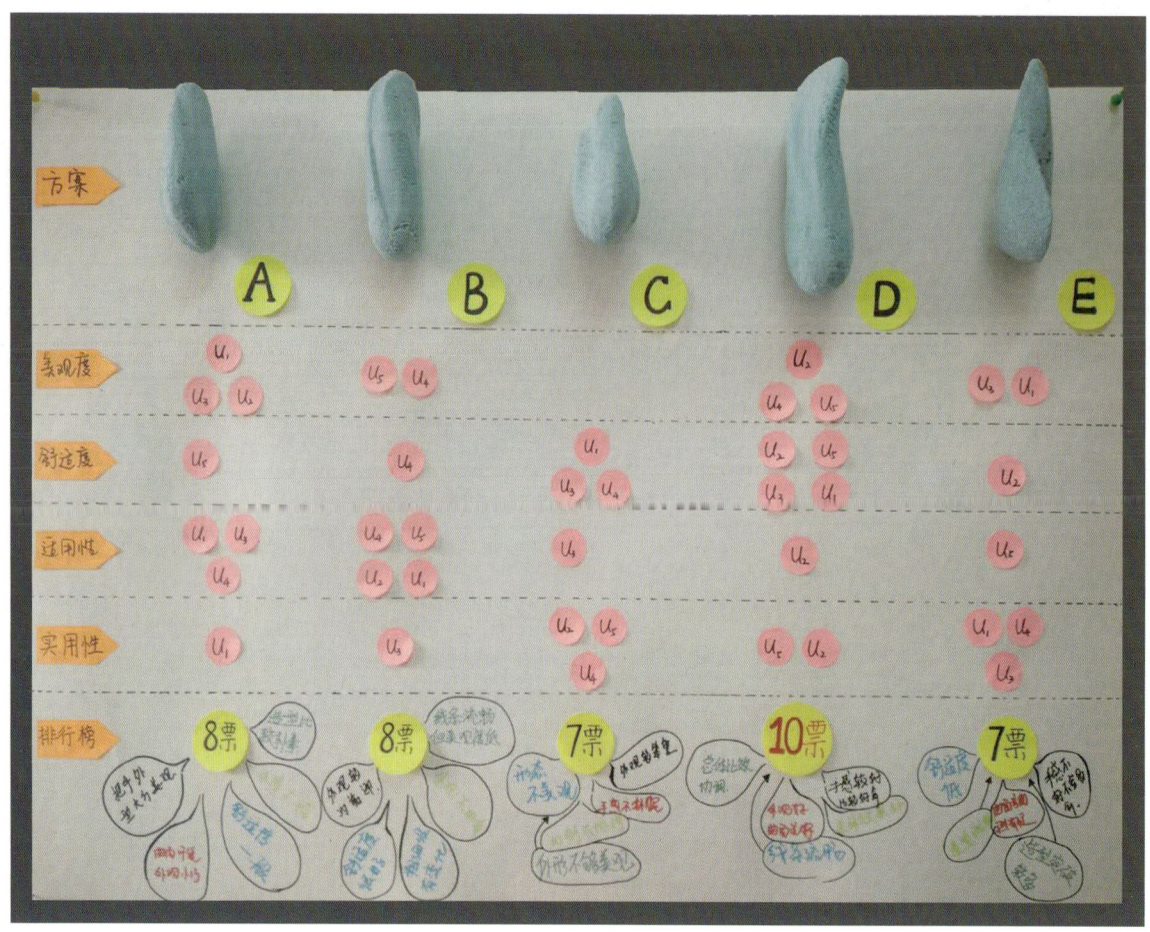

图 5.4 产品设计评估案例（四）（设计学生姓名：陈妍）

如图 5.5 所示，进行产品设计评估可以分成 8 个步骤：第一步，描述产品概念和设计说明及评估的目的；第二步，选定进行产品概念评估的方式，如个人访谈、焦点小组、讨论组等；第三步，运用适当的方式表现设计概念；第四步，制订一个包含下列内容的评估计划，如评估的目的和方式、受访者的描述、需要向受访者提出的问题、产品的概念、需要被评估的各个方面、测试环境的描述、评估过程的记录方法、分析评估结果的计划等；第五步，寻找并邀请受访者参与评估；第六步，设定测试环境，并落实记录设备；第七步，引导参与者进行概念评估；第八步，分析评估结果，并准确呈现所得结果，如以报告或海报的形式展示结果。

此外，设计团队需要明确，设计评估并非一次性的，而是需要进行多次的、反复的测试。很多时候，在参与评估人员中，不仅包括通过团队招聘或者个人关系网邀请来的目标用户，而且为了确保设计的各项功能和质量的可信性，还需要邀请某些领域的专家学者参与评估，如一些高校专业教授、市场营销专家、机构工程师等。实践证明，这类群体的参与和采样可以有效指导设计并获得有价值的评估结果。

第 5 章 产品设计综合评估

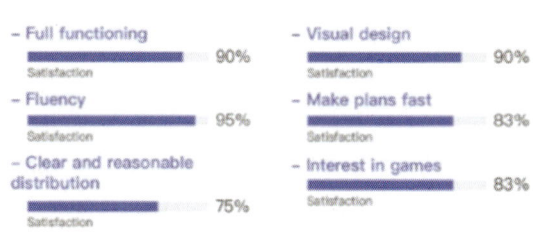

图 5.5 产品设计评估案例（五）（设计学生姓名：徐畅）

5.1 SWOT 评估法

SWOT 评估法能够帮助设计师系统地分析设计概念和项目在市场中所处的形势，并依据分析成果制订战略性的实施方案。该方法可以应用于设计概念形成的早期阶段，常用于有目的性地推向市场的现实产品开发，初衷是帮助设计团队和服务企业快速为产品找到定位，并在此基础上制订出相应的产品设计计划。在"SWOT"中，"S"代表"Strength"（优势），是组织机构的内部因素，具体包括有利的竞争态势、充足的资金来源、良好的企业形象、技术力量、规模经济、产品质量、市场份额、成本优势、广告攻势等；"W"代表"Weakness"（劣势），是组织机构的内部因素，具体包括设备老化、管理混乱、缺少关键技术、研究开发落后、资金短缺、经营不善、产品积压、竞争力差等；"O"代表"Opportunity"（机会），是组织机构的外部因素，具体包括新产品、新市场、新需求、外国市场壁垒解除、竞争对手失误等；"T"代表"Threat"（威胁），是组织机构的外部因素，具体包括新的竞争对手、替代产品增多、市场紧缩、行业政策变化、经济衰退、客户偏好改变、突发事件等。在这 4 个评估元素中，S 与 W 代表所服务企业的内部因素，而 O 与 T 则指的是产品所处市场的外部因素。这个方法与市场环境息息相关，目的在于了

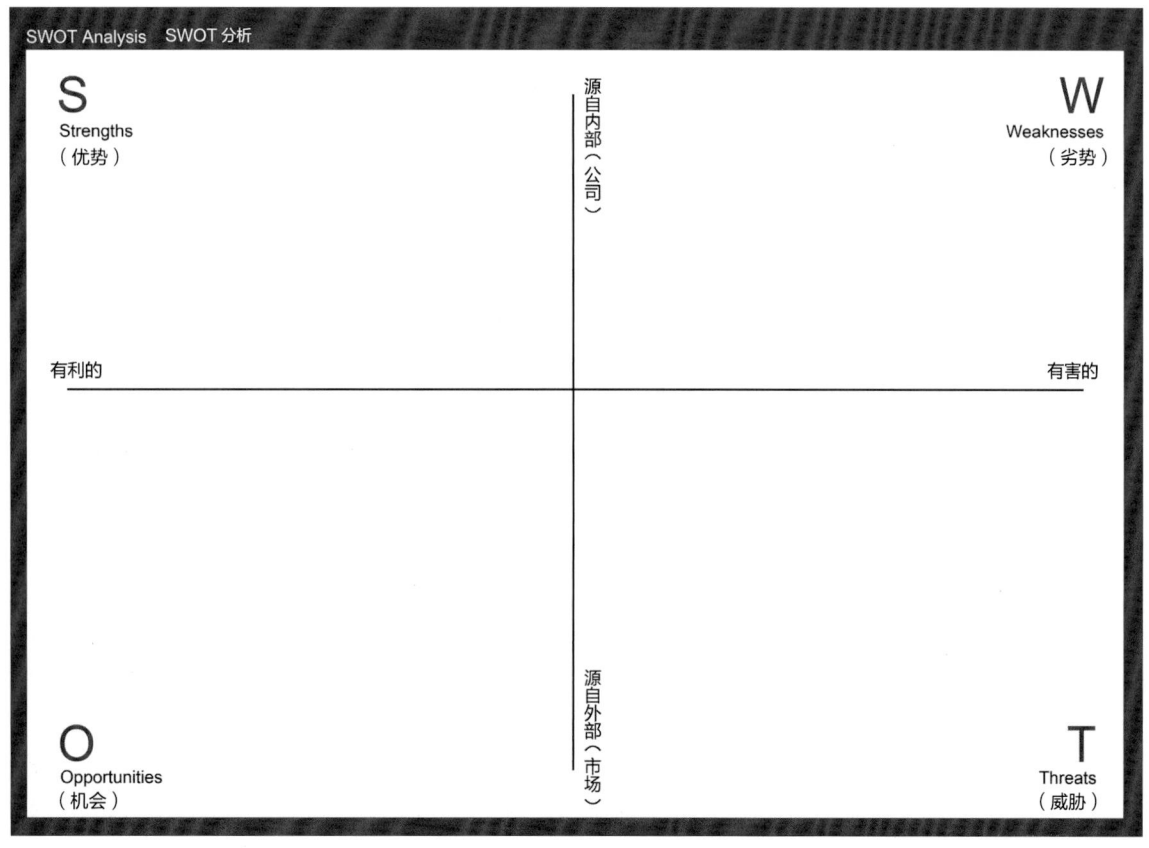

图 5.6　SWOT 评估法模板

解企业及其竞争者在市场中的相对位置，从而帮助公司进一步理解如何进行内部分析。

SWOT评估法的优点在于考虑问题全面，这是一种系统思维，而且可以把对问题的"诊断"和"开处方"紧密结合在一起，条理清楚，便于检验。如图5.6所示，从SWOT评估法模板的表格结构不难看出，此方法非常简洁直观。然而，SWOT评估法分析的质量取决于设计师对诸多不同因素的理解程度，因此，项目成员十分有必要与一个具有多学科交叉背景的团队合作。在执行内部和外部分析时，需要注意一些问题，即在进行外部分析时，可以通过回答以下问题进行分析：当前市场环境中的重要趋势是什么？人们的需求是什么？人们对当期产品有哪些不满意？什么是当前流行的文化趋势？竞争对手都在做什么？外部分析所得结果能够帮助设计师全面了解市场、用户、竞争对手、竞争产品或服务，分析公司在市场中的机会及潜在的威胁。内部分析需要了解公司在当前商业背景下的优势和劣势，以及相对竞争对手而言存在哪些优势和不足。内部分析的结果可以全面反映出公司的优点和弱点，并且能找到符合公司核心竞争力的创新方案，从而提高企业在市场上取得成功的概率。

使用SWOT评估法的初衷在于分析，如图5.7所示，设计团队可以就感兴趣的搜寻领域产生有前景的创新想法。因此，可以结合搜寻领域方法综合推理得出产品创新的战略方向，将调查得出的各种因素根据轻重缓急或影响程度等进行排序，构造SWOT矩阵。在此过程中，将那些对公司发展有直接的、重要的、大量的、迫切的、久远的影响的因素优先排列出来，而将那些间接的、次要的、少许的、不急的、短暂的影响因素排列在后面。当设计团队确定产品设计目标之后，会发现所服务企业内部的劣势可能形成制约该项目的瓶颈，此时则需要投入大量的精力来解决这方面的问题。将通过SWOT评估法分析得到的结果条理清晰地总结在X轴、Y轴之中，并与团队成员及其他利益相关者交流分析成果。许多团队的设计师会对其中的机会环节存有疑虑或找不到思绪，此时要明确，机会绝不会从天上掉下来，可以尝试从威胁中找到机会，将劣势转化为机会同样可以帮助企业突破发展瓶颈。

图5.7 设计团队运用SWOT评估法寻找创意

5.2 VRIO 分析法

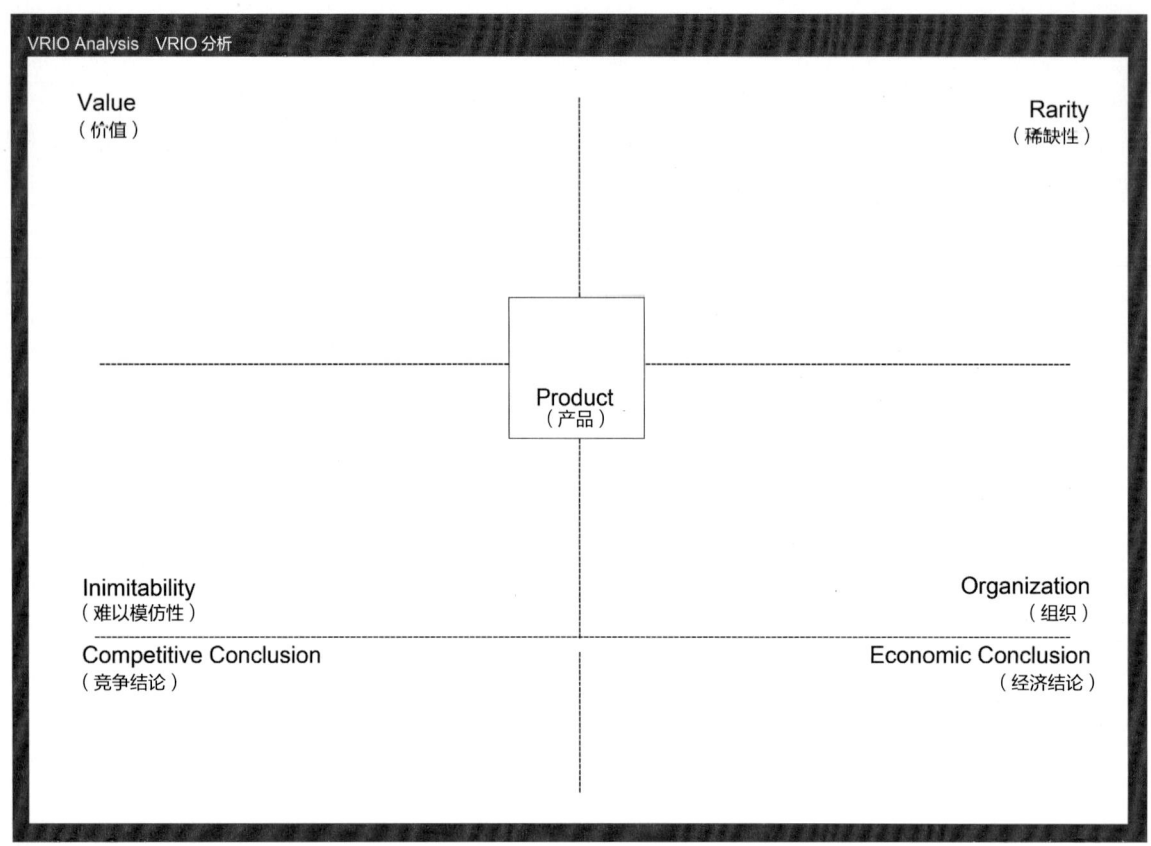

图 5.8 VRIO 分析法模板

VRIO 分析法经常应用于产品设计实践项目。在服务某企业开发产品时，该分析法结合企业实际情况帮助设计团队对设计概念进行准确的定位。在 "VRIO" 中，"V" 代表 "Value"（价值），表明企业的资源和能力，能使企业对环境威胁和机会做出反应；"R" 代表 "Rarity"（稀缺性），表明有多少竞争企业已拥有某种有价值的资源和能力；"I" 代表 "Inimitability"（难以模仿性），表明不具备这种资源和能力的企业在取得它时与已经拥有它的企业相比较处于成本劣势；"O" 代表 "Organization"（组织），表明一家企业的组织能充分利用起资源和能力的竞争潜力。该分析法是一种判定企业竞争潜力的有效方法，能帮助设计师发掘企业的资源（企业有什么）和能力（企业能做什么），使企业在竞争中脱颖而出。在着手分析之前，应列出详细的资源清单，这时候需要考虑企业所有有形和无形的资源和能力，并且针对每个资源或能力单独进行评估，不能将企业作为一个整体来笼统评估。

如图 5.8 所示，将价值、稀缺性、难以模仿性及组织纳入一个单一的框架，可以了解与企业资源和能力相关的收益潜力。VRIO 分析法是所服务企业内部分析的一部分，可以在产品创新的计划阶段执行。该分析法需要经常更新，例如，某资源的价值可能会随着时间的变化而改变，或者某一新的技术发展可能导致竞争者很容易模仿当前的优势资源和能力。因此，曾经具有竞争优势的资源也许现在只能带来普通的回报，而某一没有价值的资源或能力可能阻碍其他资源或能力的发展。由于 VRIO 分析法是基于企业资源进行的，所以全面了解企业资源将有助于提高分析的效果和效率，并且准确引导企业探索机会和消除外部威胁。VRIO 分析法的主要执行人应具有较强的个人判断能力，甚至是某些领域的专家，因为评估资源的不可模仿性需要全面掌握该资源是如何产生的，以及资源可能存在的不同形式。设计团队列出详细的资源清单后，再针对每个方面进行单独评估，进而整合形成最终的产品评估结果。

5.3 MVP 测试法

MVP test 是 Minimum Viable Product Test 的缩写，即最小化产品测试，是指开发团队通过提供最小化可行性产品来获取用户反馈，并持续快速迭代，直到产品达到相对稳定的阶段和里程碑原型。MVP 测试法可以用于产品设计方案的初期阶段，帮助团队快速验证设计目标，也可以快速试错。MVP 测试法的目标包含两个层面：一是测试用户兴趣点，即用快速原型测试用户是否存在某个使用需求或能否激发用户对这个产品的需求，同时，获悉有多少人有这些需求，以及是否对产品的研发起到决定性作用；二是用户的满意度，即某个解决方案或产品概念原型能否满足用户的需求，并且通过比较原有产品以更好地解决用户痛点。

如图 5.9 所示，MVP 测试法可以用来测试产品原型的可行性。在此之前，设计团队需要明确 3 个问题：第一，参与测试用户的具体定义，可以通过用户模板或用户画像来明确用户所面临的情境；第二，通过简明扼要的方式阐述设计的主要问题；第三，提出针对主要问题的解决方案。针对产品体验的 MVP 测试，则要更注重满足用户需求程度的相关

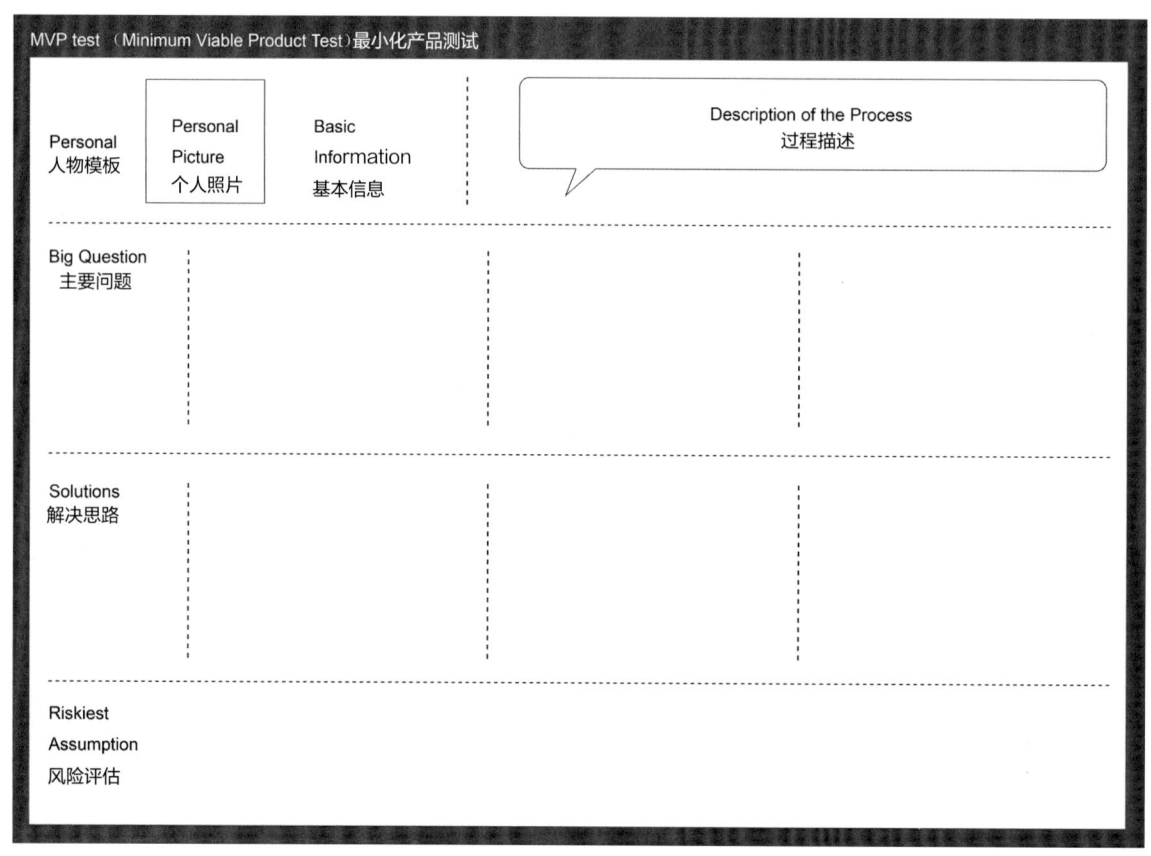

图 5.9 MVP 测试法模板

指标。因为，在这种情况下，需要测试的是方案本身的可用性，然后逐步改进、优化；同时，需要注意的是，在测试过程中，不能因为各项预设指标的评估成绩过低而放弃产品，因为针对产品体验的测试只是一个对设计的优化过程，而并非单一的对产品存在价值的考察。

MVP 测试法的复杂程度取决于设计团队所创建的产品类型。因为设计的原型不尽相同，如从简单到模糊关键词测试、从复杂到早期产品样机测试都存在这种情况，所以，即便是最小的可行性产品测试，其开发和测试过程也绝非容易。关键在于，验证各种观点是否正确的途径就是与真实的客户进行交流，向客户咨询他们遇到了什么问题，然后解释所设计的产品能如何帮助他们解决需求。如果用户已经使用了产品，设计团队可以咨询用户关于产品是否充分实现了各项用途，还可以询问客户怎样排列痛点问题的优先级；然后，设计师根据收集到的信息对产品进行迭代。

5.4 价值曲线评估

价值曲线评估可以通过视觉表现手法反映用户对产品或品牌的看法，这种方法与知觉地图十分相似，设计团队可以据此了解用户对服务公司和竞争对手的产品或品牌的不同看法。价值曲线能够提供诸多与市场形势、产品定位相关的有价值的信息，设计团队可以根据这些信息对产品未来的营销模式等行业元素进行决策。同时，价值曲线既可以应用于现有品牌和产品，也可以应用于潜在的新产品和概念开发。就现有产品而言，它能够帮助设计团队依据消费者的认知坐标评估该产品的竞争优势和劣势，从而明确建立竞争优势的基础。此外，该评估方法也能反映某一产品和品牌是否需要被重新设计和定位，并确定改良或创新产品在整个市场环境中所处的位置。

对于潜在的新产品和品牌而言，运用价值曲线可以帮助设计团队找到市场机会。当市场上没有可以满足用户理想状态的产品和服务时，价值曲线评估可以通过图表的方式，直观显示出市场空缺的位置。无论市场上是否存在正在筹划中的新产品，如果能知道用户

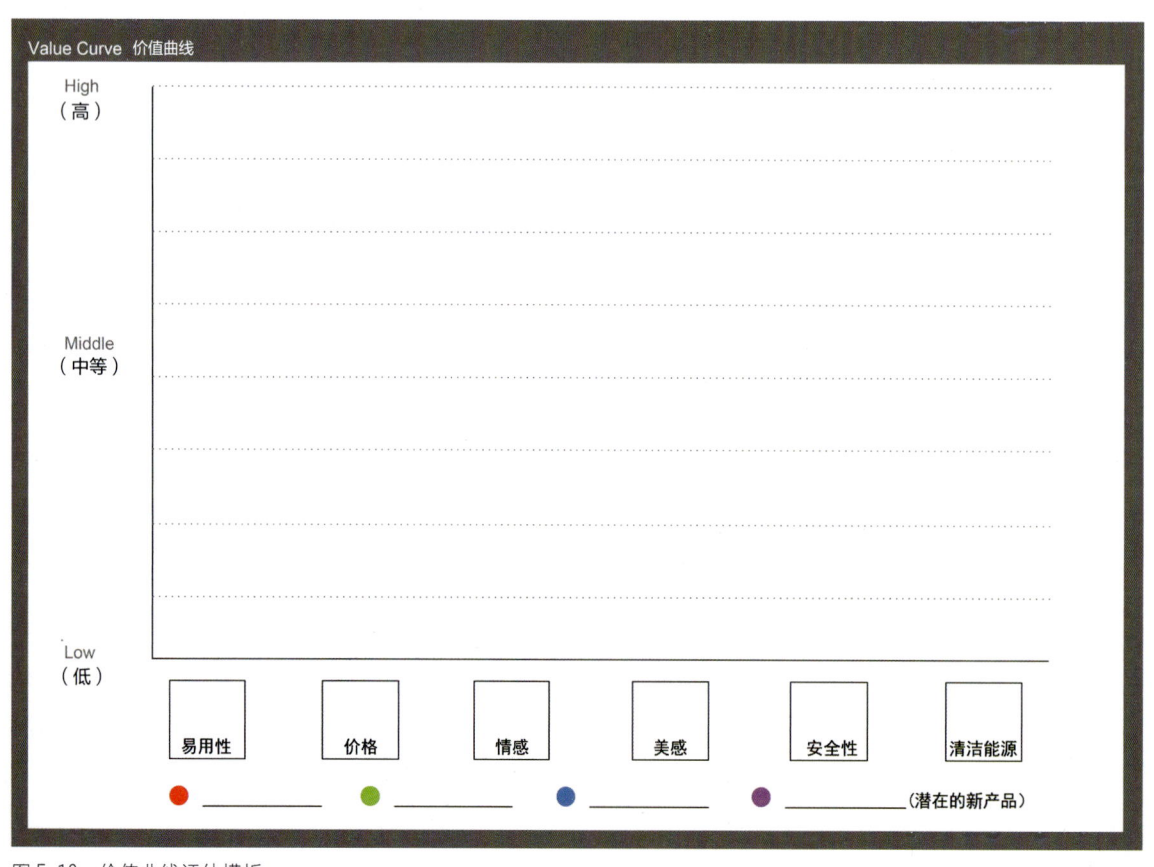

图 5.10　价值曲线评估模板

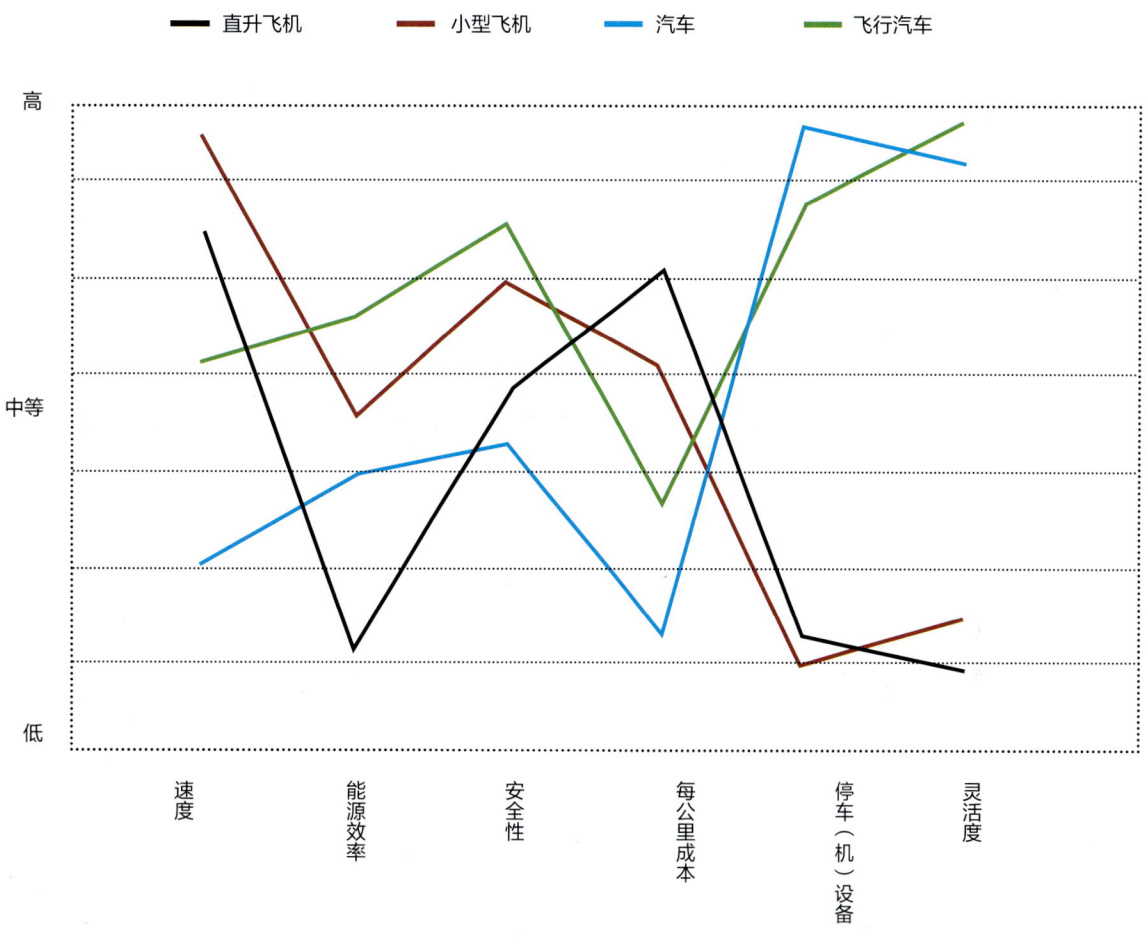

图 5.11　关于交通机具的价值曲线评估

对产品的感知及其理想中的产品，那么对于设计师而言，这些信息可以为其今后产品设计升级做出至关重要的准备工作。如图 5.10 所示，绘制一张价值曲线评估模板并不需要太多专业知识和经验，首先要确定相关的产品属性，如易用性、价格、美感等潜在的、用户最关注的或对用户非常重要的产品属性；其次，确定与要开发或设计产品存在竞争关系的产品或者品牌；最后，按照潜在用户的要求对各个列表中的产品进行评分，依据评分绘制完成价值曲线。为了防止使用误导性的语言或者不合理的信息，设计团队需要仔细斟酌模板中使用的设计词汇。

如图 5.11 所示，研发概念飞行汽车的初衷是为了实现点对点的便捷交通运输，通过价值曲线找到这类运输方式的优势和可行性。每一根价值曲线所反映的是在某一段时间内用户对品牌的感知位置，因此，当市场变化较快时，该评估需要不断进行更新。同时，价值曲线可以反映出一些市场机会，但不能体现出该机会可以维持的时间，需要设计团队自行判断。曲线图中呈现出的空白部分则暗示着市场中在此类产品领域存在竞争空白，而这些竞争空白领域可以作为团队提高产品优势和竞争力时的参考信息。

5.5　Harris Profile 评估法

Harris Profile 评估法即哈里斯图表法，能根据预定的设计要求分析并评估设计概念的优势和劣势，主要用于评估设计概念，并帮助设计团队选择具有开发价值和前景的设计概念，也用于在预设定义的设计要求上对设计概念进行评估。当设计师需要对产出的一系列产品设计概念进行比较时，哈里斯图表法可以为设计团队提供细致的评估帮助。通常，设计师凭借直觉来评估设计概念，而哈里斯图表可以帮助设计师将主观的评估过程通过可视化的图表呈现在设计师或者设计团队眼前，以便于设计团队与项目的利益相关者对所有设计概念和想法进行筛选。

在使用该方法的过程中，有必要为每一个设计概念创建一张哈里斯图表，并针对设计要求中的标准逐条进行评估。在评估过程中，需要对所有的概念进行相互对照评比，而不需要对每个概念进行孤立评估。如图 5.12 所示，在通常情况下，Harris Profile 评估法模板中的每一项标准需要设定 4 个评估等级，根据等级对每个概念进行评分，设计

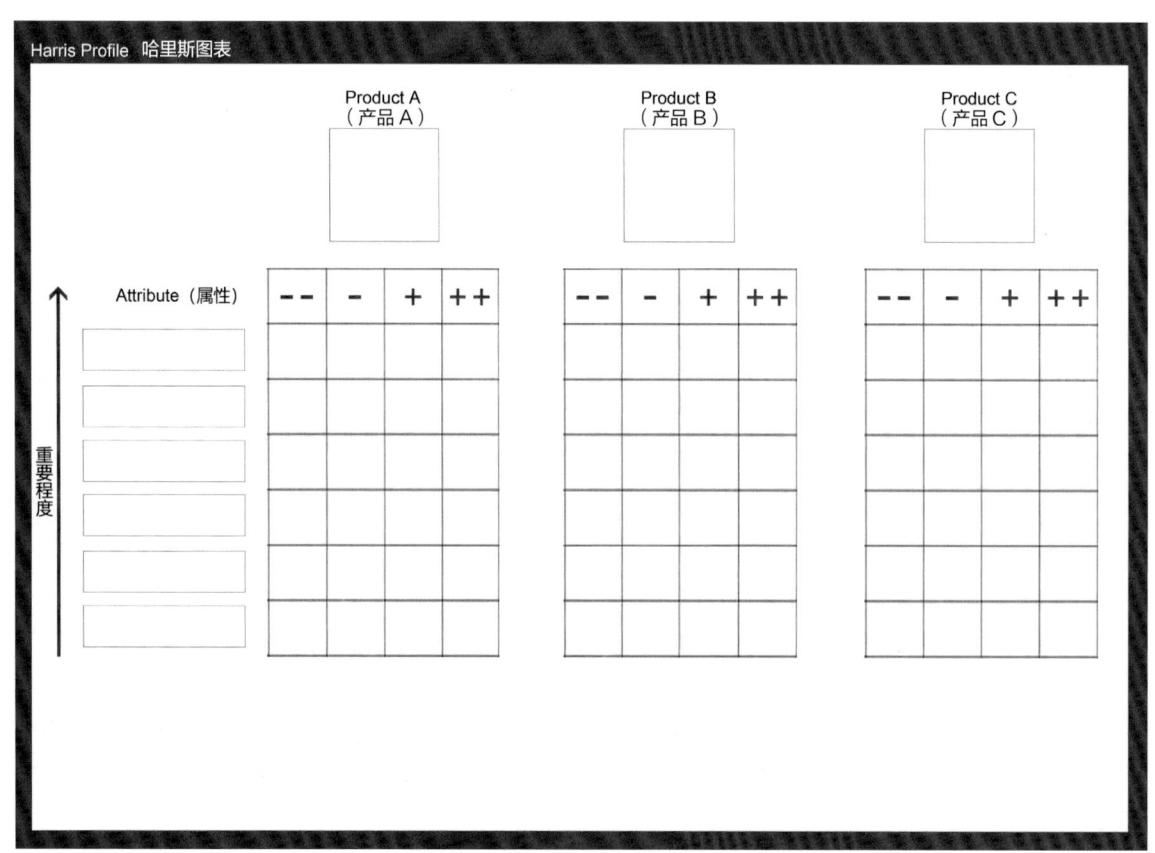

图 5.12　Harris Profile 评估法模板

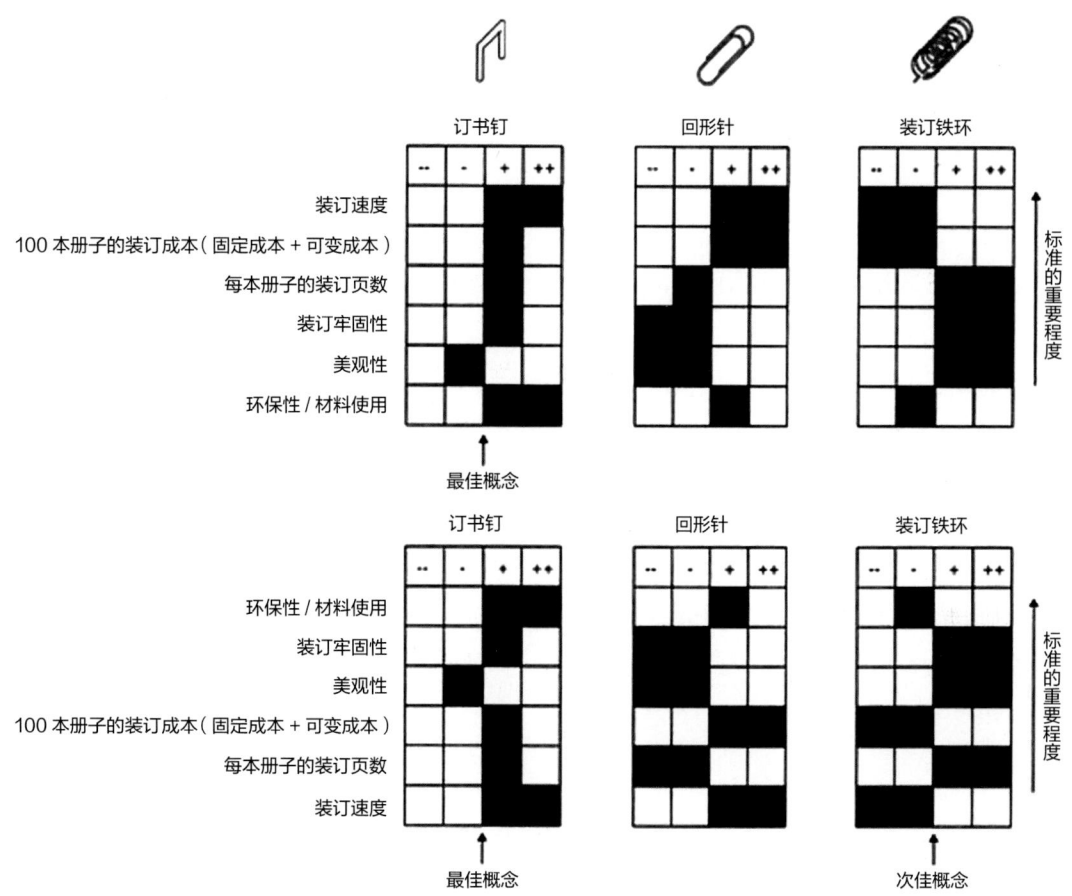

图5.13 关于装订工具的Harris Profile评估法

师需要对评分标准进行说明，如"--"代表很差、"-"代表一般、"+"代表可行、"++"代表优秀等，并且以此类推。哈里斯图表使用这种视觉化的方法可以帮助决策者快速浏览每一个概念在不同标准下的整体得分，有利于团队做出正确的设计决策。

如图5.13所示，哈里斯图表可通过浅显易懂的方式展示设计概念的评估过程，有利于设计师在概念设计的早期阶段确定哪个概念或方案的可行性更高，并且促进设计师与设计项目的利益相关者共同探讨创意。当设计概念逐步得到修改时，设计要求也需要随之改变，设计师可以利用哈里斯图表与设计团队就设计问题达成共识。值得注意的是，许多设计师因为哈里斯图表中呈现出的细节信息而误解这种图表是一种绝对正确的评估方法。然而，设计团队也应明确，这种评估方式是建立在设计师的主观直觉和预测的基础上的，因此并不是一种绝对可靠的评估方法，也需要设计团队就具体设计要求和设计概念进行公开讨论并改进。此外，在使用哈里斯图表评估产品的过程中，设计团队应不断返回到设计的不同环节对设计进行修改和调整，这也证实了设计并不是线性的过程。如果在评估过程中发现新的设计要求，则可以将其加入哈里斯图表中，以提高评估的准确性，这也体现了设计迭代的重要性。

本章思考题
(1) 为什么要进行设计评估?
(2) 设计评估只在设计完成后进行吗?
(3) SWOT 评估法、VRIO 分析法在什么阶段使用较为适合?
(4) MVP 测试法、价值曲线评估、Harris Profile 评估法的区别和联系是什么?

相关知识链接
(1) SWOT 评估法
参见：罗莎，等，2017. 设计方法卡牌 [M]. 北京：电子工业出版社.
(2) VRIO 分析法
参见：蔡赟，康佳美，王子娟，2019. 用户体验设计指南：从方法论到产品设计实践 [M]. 北京：电子工业出版社.
(3) MVP 测试法
参见：李程，2017. 产品设计方法与案例解析 [M]. 北京：北京理工大学出版社.
(4) Harris Profile 评估法
参见：王坤茜，2015. 产品设计方法学 [M]. 长沙：湖南大学出版社.

第 6 章
产品设计趋势预测

本章要点
- 参与式的设计方法。
- 情感化设计。
- 包容性设计。
- 用户体验设计。

本章引言

本章内容围绕在近未来阶段会对产品设计产生重要影响的趋势展开。如果对未来科技领域的信息进行实时了解和掌握,那么就可以对产品设计的创新产生许多有益的推动作用。除了外界因素的影响之外,产品设计的内涵和外延也将经历越来越快的自我更新和进化,如虚拟化的应用类产品(app)可以在线实现实时的功能更新和修改。在产品设计趋势预测的过程中,不仅可以获得概念产品开发和设计的线索,而且能够不断加深对设计师设计伦理与责任的认识,让以用户为中心的设计观念不断地得以贯彻,并在设计实践之中日益形成成熟的设计思路和方法。

6.1 AI 与设计

进入人工智能（Artificial Intelligence）时代，产品设计的发展重心将完成从技术向设计观念的转变、从功能向情感传递的转变、从需求向品质的转变、从实体向虚拟化的转变、从索求向主动提供服务的转变。伴随着每个时代的变革，都有与之相符合的设计理念，如在 AI 时代，不断革新的设计趋势将重构人们的生产力结构、工具设计、生活模式，甚至还会影响用户的心理反应及设计师的思维模式。根据 AI 时代产品设计的发展需要，产品设计所涉及的设计知识可以拓展到不同的学科领域之中，产品设计师需要具备整合多学科知识的能力，掌握全新的设计流程、思路，敏锐地更新自己的发展路线，制订相适合的设计应对方案，运用思维优势与人工智能共同工作，将日益复杂的问题简单化、标准化、清晰化，如图 6.1 所示。

马云曾在德国汉诺威 IT 博览会上说："未来的世界，所有的制造商他们生产的机器，这些机器不仅会生产产品，它们必须会说话，它们必须会思考。机器不会再由石油和电力驱动，机器由数据来支撑。未来的世界，企业将不再会关注规模、标准化和权力，只会关注于灵活性、敏捷性、个性化和用户友好。"人工智能正在层层深入现代生活的方方面面，AI 时代的主要影响集中于三大领域：智能工厂、智能生产、智能物流。美国麻省理工学院的帕特里克·温斯顿教授认为："人工智能就是研究如何使计算机去做过去只有人才能做的智能工作。"因此，AI 的主要任务是完成以前需要人类智力才能胜任或者依靠人类难以完成的困难工作，例如 2014 年，在商汤创始人汤晓鸥当时所在团队的努力之下，机器人脸识别的准确率达到 98.52%，首次超过人眼。

《第二次机器革命》（美国学者埃里克·布莱恩约弗森和安德鲁·麦卡菲著）一书中写道，以当今计算机的聪明程度，人类根本无法预知几年后它们会有怎样的应用。从无人驾驶汽车和无人机到虚拟助手和翻译软件，人工智能随处可见，并改变着我们的生活。人工智能研究范围包括人类智能活动的规律、模拟人的思维过程和行为方式（如推理、思考、规划等）的技术，除计算机学科之外，还涉及社会学、心理学、语言学等自然和社会科学的所有学科范畴。2017 年 10 月，力拓在澳大利亚西部皮尔巴拉地区测试了一辆全自动无人驾驶火车，成功完成了世界上首个全自动无人驾驶火车任务。力拓无人驾驶火车可实现 GoA 4 等级自动驾驶，是世界上最大的机器人和世界首个自动化重载长途铁路网络系统。比起人工驾驶，自动火车提升了作业安全性，提高了运输效率，也降低了运维成本。

在传统的工业生产中，设计师运用所受训练、技术、经验、视觉与心理感受，为产品的功能、材料、结构、形状、颜色、表面加工工艺等方面赋予新的质量和规格。如今的设计领域出现了更加复杂和具有挑战性的项目，数据驱动的自动计算过程将逐渐取代设计师的许多技能，例如，基于人工智能设计美学

图 6.1　运用人工智能的产品设计案例(一)(设计学生姓名:刘华琛)

和大数据驱动的排版引擎 Duplo(由杭州深绘智能科技有限公司团队研发)可以接手设计师的基础工作,其智能程序通过 20 套案例版式扩展到 2000~6000 套更为细分的排版模板,通过模板智能程序可以为不同信息内容、不同设备、不同屏幕尺寸提供最合适、转化效果最好的阅读排版。今后,基础的、重复的设计工作是可以交由机器来代替人工完成的,从而提高设计效率。

回顾人类科技发展历程可以发现,人机交互始终都朝着更有效率、更加简化的方向迈进,从飞鸽传书到电话、电邮再到即时通信,从徒步行走到牛车、马车再到汽车、飞机,其背后的核心始终围绕如何更好地服务人类并改善人类生活质量。未来的交互模式会拉开人与设备的物理空间,并摆脱材质的限制。在 AI 时代,机器人自然情感交互会解决用户更高层次的心理需求,进而更加贴合用户的自然行为和本能习惯，引导新的人机交互模式。例如，语音技术可以在没有键盘输入、没有菜单按钮点击的情况下通过最自然的形式下达指令。传感器的广泛应用，提供了前所未有的情境数据，无缝对接并覆盖了生活和工作的方方面面，如图6.2所示。基于对每个用户的兴趣、关注点和行为特点的数据累积，通过人工智能的手段，对用户的需求进行进一步的分析，形成产品对每个用户不同的应答和反馈机制，真正实现满足每个具体用户的个性化需求的"千人千面"。

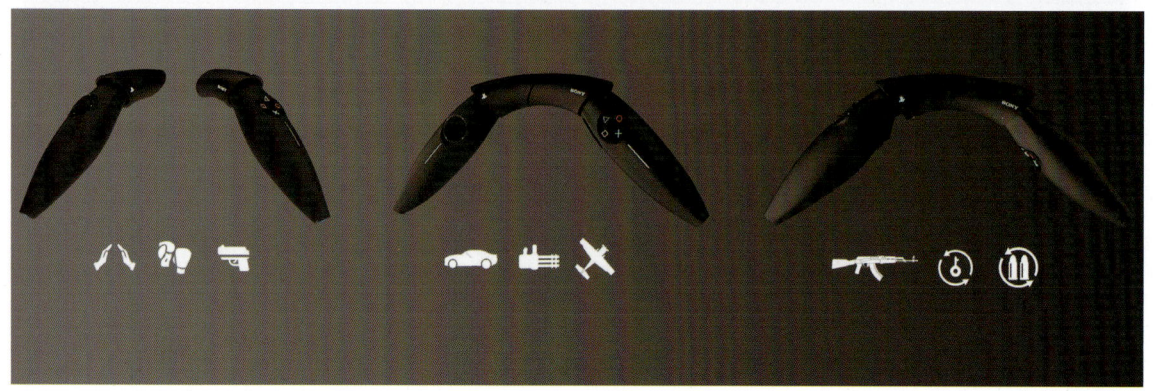

图6.2 运用人工智能的产品设计案例（二）（设计学生姓名：刘华琛）

6.2 参与式设计

参与式设计是一种以用户为中心的设计方法。它主张用户和利益相关者在协同设计活动的所有过程中，积极参与研究和设计过程的所有阶段。在参与式设计过程中，可以使用与用户一起的设计模式，而不仅仅是为用户设计，设计团队邀请用户参与设计有益于产品获得成功。如图 6.3 所示，参与式设计可以邀请用户参与设计团队进行设计概念推演与迭代。作为以用户为中心的设计方法，参与式设计研究的重点是询问用户、观察用户、用户参与和用户反馈。设计团队让大量的用户参与，更容易改进设计细节并找到解决潜在问题的可能性，但往往因为受制于项目时间和预算而无法进行大量的用户研究。因此，通过运用一定数量的典型性用户研究代替批量化研究，可获取他们的重要反馈，减少个别用户研究的偏见。

参与式设计主要源自斯堪的纳维亚半岛地区在 20 世纪 70 年代采取的措施。最早在挪威，当时计算机专业人员与铁匠、铜匠工会的领导人、成员密切合作，把新技术融入工作中，随后开发的几个项目吸引了由计算机学、社会学、经济学和工程学等领域人士组成的跨学科设计小组。设计团队开始尝试与不同利益相关者联合开展设计，不同领域的参与者不仅在设计的评估阶段发挥作用，而且还要真实参与设计研发，提出自己的经验与见解，

【 参与式设计记录 】

图 6.3　参与式设计记录（一）

图6.4 参与式设计记录（二）

并由此引进了以经验为基础的创新方法，如利用低保真原型进行角色扮演。自此以后，参与式设计扩大了使用范围，丰富了研究方法，成为工业设计、建筑设计、城市设计、交互设计、通信设计等领域普遍认可的研究和应用方法，如图6.4所示。

下面介绍一些典型的参与用户类型。其一，广泛的用户混合。确保典型性用户来自不同的细分市场，可相对完整地代表整个用户群体。其二，边缘用户。除产品的核心用户之外，还包括可能使用该产品的边缘用户，以帮助找到产品改进的机会。其三，极端用户。这些用户具有某方面能力的缺失，在概念开发过程中可以启发产品的创新。其四，经验用户。这些用户具有相似产品的不同使用经验，可以帮助了解产品使用的体验过程。其五，社群用户。他们是来自某一社群的用户，可以相互分享与类似产品交互的经验，帮助收集对产品使用的广泛理解。

参与式设计包括几种不同的方法，但这些方法都具有统一的理念，即在设计过程当中积极地与用户、客户和其他利益相关者协商讨论，最好是进行面对面的交流，以活动为基础的协同设计。这些方法包括文化探寻、日记研究、照片研究、拼贴、弹性建模、创意工具包和协同设计。参与式设计使参与者发挥创造性的洞察力，启发并帮助指导设计过程，然后对设计成果做出反馈，如图6.5所示。同时，参与者的活动必须结合设计的专业知识，因此，需要支持设计人员的创意权威性，把共同合作的过程转化为设计标准、服务和组件。参与式设计通过各种途径、工具、技术和方法形成有效的组织框架，而组织框架的设定取决于描述方法或技巧（制作、告诉、扮演）的参与形式和目的，或者使用这些工具和技巧的原因。其目的体现在4个方面：其一，调查参与者并进行自我发现和描述；其二，让参与者做好准备进一步参与活动；其三，了解目前的情况；其四，产生

图 6.5 参与式设计记录（三）

图 6.6 参与式设计记录（四）

未来的情境和概念。根据小组的规模结构、面对面或网上交流、场地、设计研究人员和参与者之间的关系，还可以进一步在事件背景中描述参与式设计可能发生的方式和地点。

参与式设计的研究以活动为基础，因此，这样的设计方式更有效、有趣且令人信服，有助于利益相关者相信他们的创意，并愿意表达个人的想法，如图 6.6 所示。虽然组织和运作参与式设计费时费力，但付出的努力绝对值得，因为这种方式不仅可以迅速收集参与者的观点，而且可以保证设计小组成员和客户都认可最终的结果。参与工作通常是在工作场所或所有人都方便出席的场所举办，这样也可以节约参与者的时间。在设计探索阶段，协同工作可以运用拼贴、绘图或图表等方法，用以展示用户的世界，并且创建设计理念。参与式设计可以提供创作理念并验证设计团队的方向。在评估阶段，参与者与设计人员共同讨论设计理念、反馈信息，并为设计的修正和完善提供建议。

参与式设计的流程通常包括几项活动，并由主持人提前策划安排。例如，首先概括介绍这次议程的主题和安排，然后小组讨论相关话题，最后小组成员可以记录或者画下讨论结果。参与者可以在便笺纸上记录个人想法，然后由小组建立亲和图共同分享讨论，如图 6.7 所示。个人或规模较小的团队可以运用拼贴、绘画或其他形式表达创意，然后呈现给大家。参与工作还包括针对制作简单设计工具的培训，以便使参与者构建实物模型、草图或故事板，或者在小型团队内进行角色扮演，体现如何通过设计解决问题。参与式设计的重要特征是需要为参与者和设计小组成员制订正确的时间和流程计划，为活动计划收集必要的材料，在符合计划安排的同时根据环境变化和小组的随机安排适当进行调整，记录会议的进展情况并在结束之后总结工作成果。为了实现以上目标，参与式设计需要根据参与者的人数安排合适的主持人，并确保每个人都有明确的分工。

图 6.7　参与式设计记录（五）

6.3 情感化设计

在产品设计中,产品的外观感受及使用过程所带来的满足与快乐,有时候会与产品的功能同样重要。本节将讨论产品的情感化设计,主要的论述来自唐纳德·诺曼(Donald Norman)和帕特·乔丹(Pat Jordan)等人的理论,从消费者本能的、行为的、美学的和触觉的感受方面挖掘情感化设计对产品的价值和作用。越来越多的消费者为了心灵和精神的满足而购买那些令人愉悦的产品。如今,设计师设计的目的不仅是使用功能,而且在于给消费者带来更多惊喜的元素。同时,未来的消费者不再会单纯地希望购买的产品具有单一的功能,而是积极地寻找能够连接情感、引起快乐并彰显身份的产品。那些可以通过产品的外观、材料和使用过程而表现出的触感,有时候可能是完全抽象的感受,如地位与品牌价值的实现。

情感在人们理解周围的环境,以及看待产品价值时,起着至关重要的作用。其中,焦点小组是获取消费者对产品美观满意度的有效方式之一,如图 6.8 所示。消费者的感官被产品吸引,是因为他们的感知系统被产品设计触动,从而形成情感与产品、品牌与风格的情感连接。唐纳德·诺曼将设计感知定位为 3 个不同的类型:第一种类型是本能设计。本能设计主要是人类本能的反应,如当你一眼瞥见商店货架上、马路上或电视机画面中的产品及其外观时所产生的最初反应。第二种类型是行为设计。这不是关于产品的外观,而是关于产品使用的整个体验过程。消费者可以从产品中获得实际的感受与快乐,以及功能的效率性和使用性。例如,深泽直人为无印良品品牌设计的壁挂 CD 机,使用了拉线作为开关。这种极为传统的开关方式唤起

图 6.8 情感化设计方法

了人们对过去生活的怀念，迎合了用户最初的行为方式。第三种类型是反思设计。很多时候，设计师设计批评性产品以用于质疑社会关系、挑战或改变行为等。描绘了当代生活的复杂性的反思设计是关于人们在使用产品之后的回忆与反思，包括产品描绘的社会和文化影像。例如，唐纳德·诺曼认为菲利普·斯塔克为阿莱西公司设计的标志性产品外星人榨汁机就是一个反思设计的例子。该设计具有强烈的诱惑性，设计者并不在乎产品的功能，反而将产品当作雕塑品或谈论的话题。外星人榨汁机的外观让人联想到20世纪50年代的科幻小说，产品本身的形态看上去像一只蜘蛛。这种以模拟动物的形态特征设计产品的方法，被称为象征设计，经常应用在情感设计中。

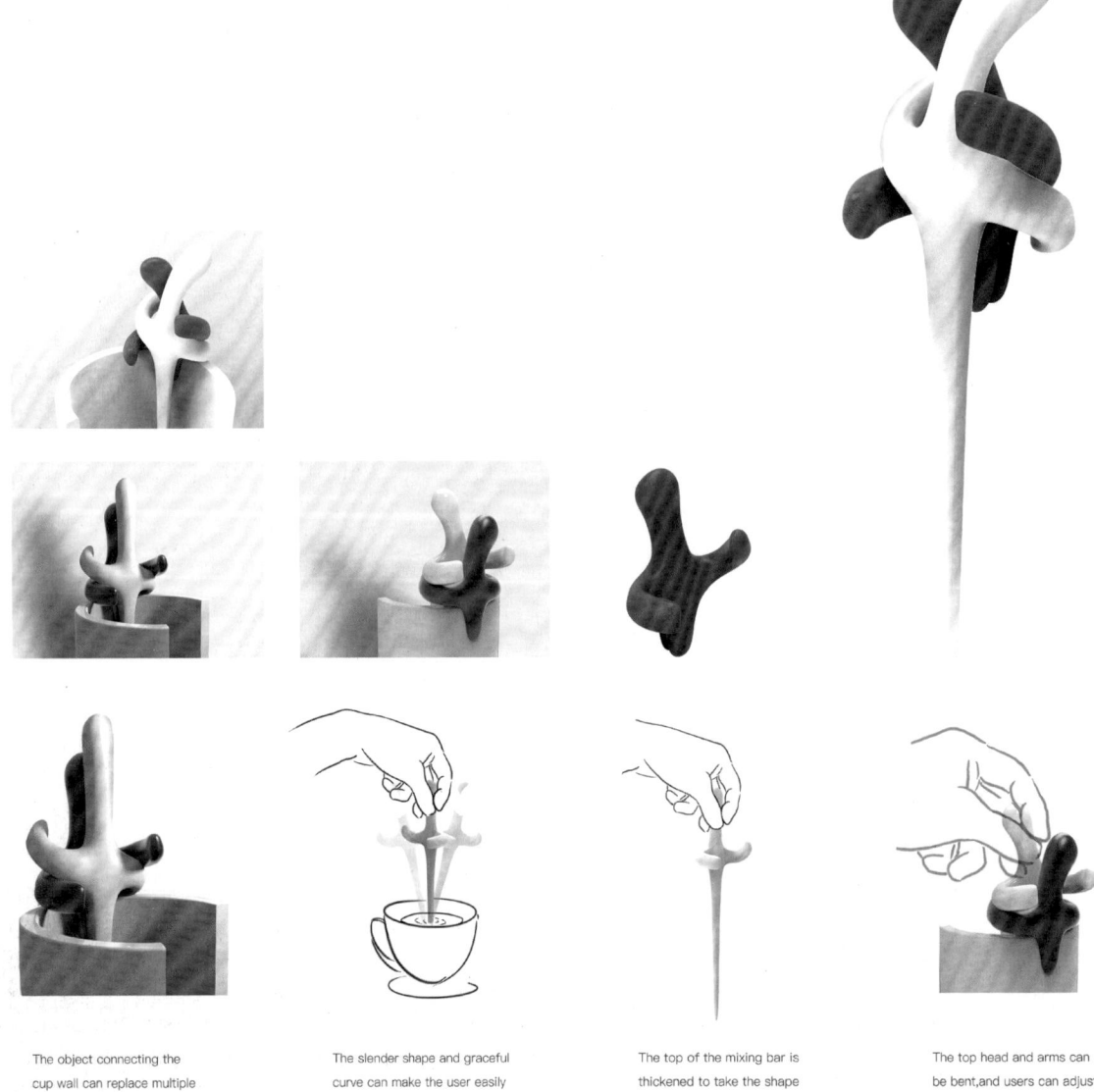

The object connecting the cup wall can replace multiple cup types with strong applicability.

The slender shape and graceful curve can make the user easily mix the liquid in the cup.

The top of the mixing bar is thickened to take the shape of a head, which is more for the user to grip more comfortably.

The top head and arms can be bent, and users can adjust their favorite shape to increase the experience.

图 6.9　情感化设计案例（鲁迅美术学院产品设计团队）

那么，在设计中如何创造具有情感化的产品呢？简单来说，设计师需要凭直觉将本能设计、行为设计和反思设计整合在一起，创造出成功的情感化产品设计。下面所介绍的两种设计思考模型可用于帮助设计师创造更加令人满足和愉悦的产品和体验：第一种，设计师将产品当作人来看待和思考。在产品的语境下，设计师可以想象如何与这个"人"进行交流，他或她的行为和穿着是什么样子，从而在产品的情感需求方面获得超越常规的洞察力。第二种，设计师把设计当作魔法。设计师描述产品如何工作时，就仿佛产品具有魔法一样。这样设计师会忽略技术的限制，思考在没有传统经验约束的情况下产品的样子。

在创造情感化产品的同时，可以使用另一种思考框架，为产品设计和市场营销带来结构化分析。下面介绍4种令消费者感到愉悦的设计类型：第一种，生理愉悦。驱动消费者的触觉、嗅觉、味觉等感知系统创造的愉悦感受，如Apple公司的iPod音乐播放器放在手里的光滑触感、新车内部的味道、刚煮好的浓咖啡飘散的香气、比利时巧克力的香滑口感等。第二种，心理愉悦。心理愉悦是使用产品时，认知需求及产品体验过程中产生的情绪反射。如图6.9所示，每当使用过咖啡杯的搅拌棒后，将其放回的过程就可以让用户感到拥抱的愉悦。此外，心理愉悦还包括达成目的或完成任务所带来的成功感，如ATM好用且简单的人机界面可以帮助用户顺利完成取款任务。第三种，社交愉悦。社交愉悦强调由产品带来的人际关系和地位。社交愉悦以产品为媒介，在人与人之间的互动中获得。社交愉悦的产品可能具备"话题性"特征，如特殊的装饰品或艺术品，以及某些可帮助形成社交行为的产品（如自动售货机或咖啡机）。除了社交群体，愉悦也可能来自产品本身，品味独特的产品会带给消费者社会认同感，产品可通过邮件、网络、手机等各种方式促进人与人之间的交流。第四种，意识愉悦。意识愉悦由产品本质引发，如书籍、音乐等，就是最抽象的愉悦形式。产品以美观的形式提升消费者的品位是一种意识愉悦的过程。意识愉悦的价值是哲学层面的，或与某些特殊问题相关，如环保主义。

6.4 包容性设计

这部分内容将论述如何为更广泛的人群创造他们可接受的产品。对于包容性设计,无论用户的能力、年龄和社会背景如何,设计师应明确的是,该怎样以用户为中心的设计方法进行设计。包容性设计又称通用设计或为所有人设计,是一种设计理念与方法,目的是确保产品能够服务尽可能多的社会成员,而不用刻意地为适应某些人群进行特殊化设计。事实上,所有产品都会对某些用户的使用产生排斥,虽然往往设计者不是故意而为之。因此,包容性设计的目标就是强调并降低排斥,满足所有人的使用。

包容性设计让设计师反思自己的设计实践。设计师积极创造了并且创造着满足目标用户需求与期待的产品,尽管设计师明确地知道满足需求的产品是凭借直觉操作的,但是为什么仍然坚持设计一些使用复杂的产品而将一些普通的消费者排除在目标用户之外?设计师是否完全意识到在设计过程中,他们所做的每个有关技术和使用的决定,都会影响大批的消费者?当然,这其中也包括老年人、残障人士及弱势群体。关心那些被忽视的社会群体,不仅仅是社会的期望,也是真正的商业机会,更是所有设计师应具有的责任。如图 6.10 和图 6.11 所示的是学生为老龄用户设计的可以背在身上的浇花器,可以有效解决老龄用户提重物时手臂乏力的问题,以此作为切入点来体现设计的包容性和关爱性。

在过去的十多年中,社会已经开始不同程度

图 6.10 包容性设计案例(一)(设计学生姓名:王亦勤)

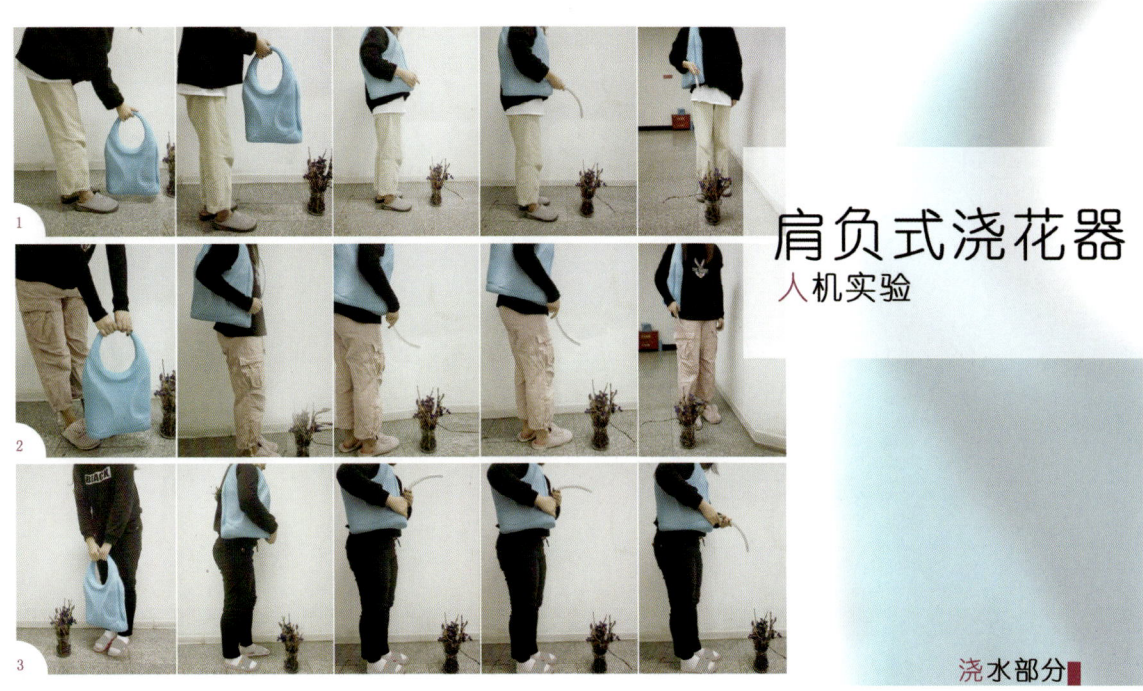

图 6.11　包容性设计案例（二）（设计学生姓名：王亦勤）

地关注老年人与残障人士，摒弃过去将他们视为特殊群体的观念，取而代之的是新的、公平的社会态度，并且提供更多包容性的方法来设计建筑、产品和服务，从而将日常生活中的弱势群体与主流群体平等对待。为迎合所有人群对产品的使用需求，设计师创造了更加完善的设计，让更多的用户从产品设计中获得良好的体验，以扩大潜在的客户基础，建设更加公平、更有凝聚力的社会生态。设计师应该意识到包容性设计其实是一种设计的整合方法，而不仅仅是一种新型的设计理念，它需要延伸到设计过程的所有阶段。通过将包容性设计思维嵌入设计过程，设计师可以创造出更好的大众产品，提供令用户更加舒适满意的使用过程，如图6.12所示。

许多企业和设计师虽然在表面上认可包容性设计的法则，但仅仅停留在口头支持上，并且错误地将简单的产品使用等同于对社会的责任，或天真地认为一款产品可以满足所有用户的需要，这种观念是完全可能存在的。

为了避免掉入对包容性设计过分鼓吹的陷阱里，设计师需要明确不同用户的真正需求与设计尺度，做好目标用户调研（图6.13），懂得如何用设计为他们解决问题。1997年，美国北卡罗来纳州立大学的通用设计研究中心邀请建筑师、产品设计师、工程师和环境设计专家共同起草了通用设计的核心法则，这7条重要的设计法则可以用于评估现有设计、指导设计师建立正确的设计观念。

这7条重要的设计法则是：第一，公平使用。所有使用者都能同样使用设计，而不会因此受到伤害。第二，灵活使用。设计能够迎合不同人的喜好和使用能力。第三，简单直观。不管用户的经验、知识、语言能力或精力的集中程度如何，产品都应该简单易用。第四，信息明确。在任何环境下，无论用户的感官能力如何，设计都能有效传递产品的必要信息。第五，容许原则。尽量将危险及因意外或不经意的行为所导致的不利后果降至最低，避免可能发生的任何不良状况。第六，省力。设计可以

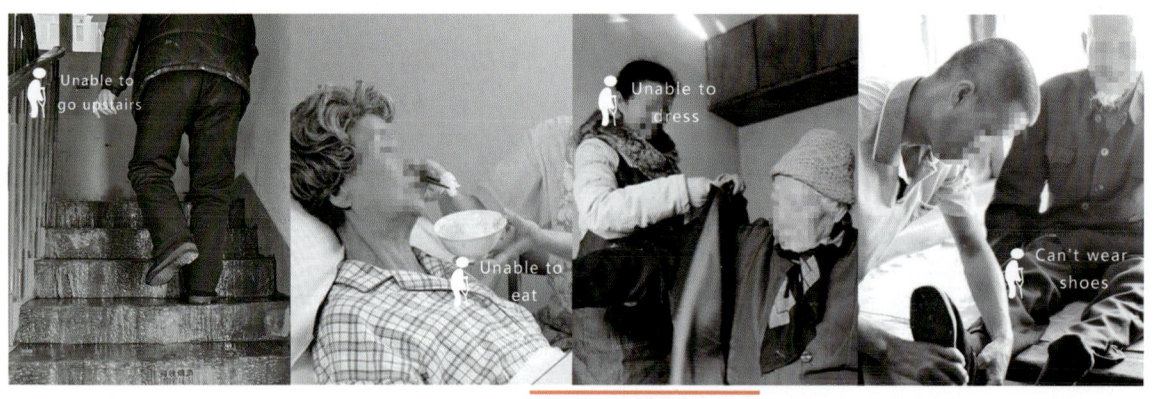

图6.12 包容性设计用户调研(一)(鲁迅美术学院产品设计团队)

图6.13 包容性设计用户调研(二)(鲁迅美术学院产品设计团队)

有效、舒适并且不费力气地使用。第七,合理的尺寸与空间。提供合理的尺寸和空间,而无论用户的身高、体型和移动能力如何。

那么接下来,设计师应如何进行包容性设计?下面的方法旨在降低产品的排斥性,使产品的包容性最大化。

第一,用户能力评估。用户能力评估主要通过比较用户使用产品所需要的能力程度来评估产品。设计师设置一系列任务,包括产品的基本使用,以及用户与产品的互动,并提出各种相关问题。根据用户的反应和回答,可将用户的能力按照以下3个标准进行分类:一是感知能力,即视觉与听觉;二是认知能力,即思考与交流;三是行动能力,即活动方式、行动范围、使用力度和灵活程度。设计师可以使用以上简单而有效的方法评估

Design Target
设计定位

● Source of inspiration 灵感来源

专家建议：孕期的时候要适量的运动，这样可以增强孕妇体质，控制血糖减少妊娠糖尿病的发生，并且有助于控制体重，还能够帮助晚期的顺产，缓解孕妇疲劳，改善孕妇心情。

而医疗保健人员和健身专家一致认为：**游泳** 是孕期非常适宜且安全的锻炼方式。

To the benefit of

缓解身体不适：头疼、腰痛、痔疮、静脉曲张、便秘等

利于生产：利于纠正胎位、增加肺活量缩短产程

利于胎儿发育：旺盛血液循环、增强体质、缓解妊娠反应

利于产后恢复：帮助保持健美体形降低恢复难度

● Problem 解决问题

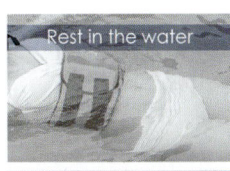
Rest in the water

Poor safety and comfort

No special products

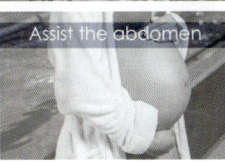
Assist the abdomen

- 产品方向：
  孕妇专用游泳浮带
- 适应人群：
  孕妇（以中期4个月到8个月为主）
  希望游泳但担心游泳安全性、舒适性
  希望减少孕期身体过多脂肪
  希望缓解孕期身体不适，调节心情
- 适应环境：
  泳池、海边等游泳场所
- 功能定位：
  增大浮力，自然漂浮
  托腹助力
  安全固定，孕妇通用固定方式
  孕妇标识，警示他人避让
- 品质定位：
  中低端，大众消费

图6.14 包容性设计用户调研（三）（设计学生姓名：李唯一）

不同的产品和概念，根据3个标准进行用户调研（图6.14），将用户的能力程度按照高低分类，然后尝试降低对用户能力程度的要求，以设计能够满足更多使用者的产品。

第二，能力模拟。能力模拟是设计师利用实际工具或计算机软件系统模拟不同用户使用产品的能力程度，以及与产品的交互过程。如图6.15所示，为老龄用户设计楼梯助力工

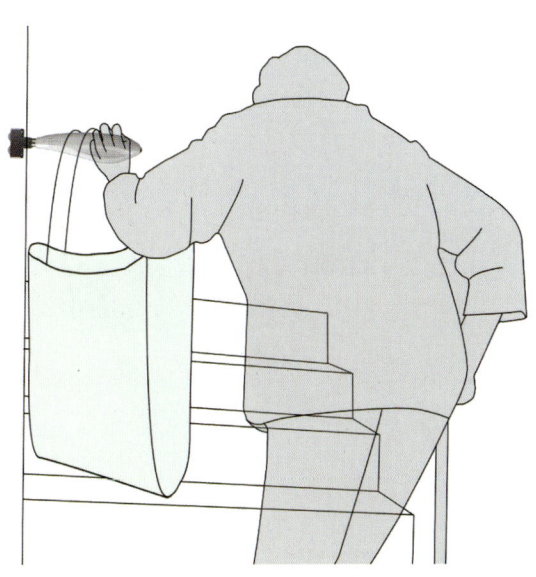

图6.15 包容性设计案例（三）（设计学生姓名：蒋逸阳）

具，利用计算机建模渲染效果模拟用户在使用该产品时的状态与情境，来帮助用户理解设计的意图。设计师利用能力模拟可与实际或潜在的用户产生共鸣，因为这类方法简单且成本低，所以可以应用于设计过程的任何阶段，来帮助设计师解决各种实际的问题。然而，没有任何一种模拟的方法能够完全再现能力丧失的特殊用户的真实感受，也正因为如此，能力模拟绝不能替代真正的用户来开发、设计和评估产品。

第三，人机工程学。人机工程学是研究人类解剖学、人体测量学、生理学、生物力学，以及相关的身体活动和产品使用性的学科。设计师通常使用人机工程学数据来测试和评估实际产品的控制、屏幕显示、座椅角度及健康和安全等方面的问题。例如，图6.16所展示的是老龄用户淋浴时的生理状态与人机尺度。同时，人机工程学也关注人的心理表现、人们与产品的交互方式，如洞察、认知、记忆、推理和情感问题。设计师需要考虑所有这些问题，以便确认所有影响产品设计的因素。从人机工程学作为设计的重要量度开始，设计师就已经将产品的尺寸和舒适性作为重要的设计因素进行思考。

图6.16　包容性设计用户调研（四）（设计学生姓名：张依）

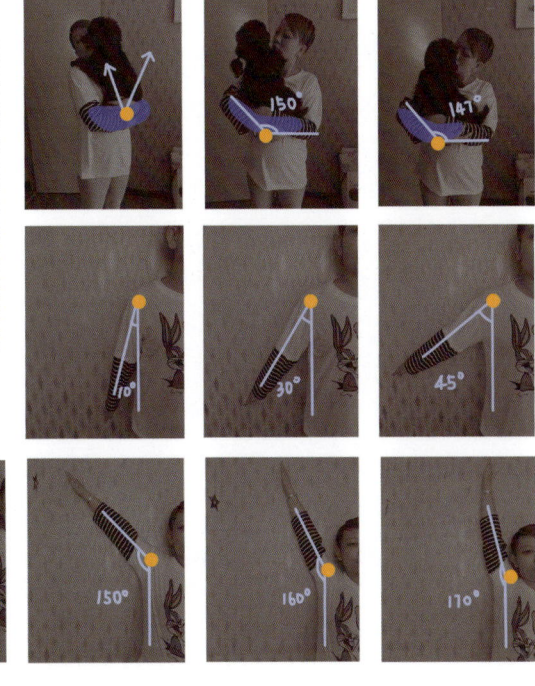

图 6.17 包容性设计用户调研（五）（设计学生姓名：李剑波）

第四，统计排除法。统计排除法是一种基于统计学的产品评估方法，主要通过比较无法使用产品的人口比例来确认最终的设计。相比简单的能力评估，统计排除法可提供更多细节统计数据，但经常需要统计学专家联合参与。统计排除法以相对客观的等级标准，衡量使用产品所需要的能力程度。例如，在设计便携电视时，需要评估的使用过程是：打开盒子、插上插销、开机、转换频道、移动使用。一旦明确了用户的能力标准，接下来就是使用大量、客观的国内外人口数据，找到能够使用产品的人口数量，以及无法正常使用产品的人口数量和范围。在评估过程中，要结合使用其他研究方法，最终提供清晰的产品设计框架，以及用于产品理解与使用的交互标准，如图 6.17 所示。

6.5 服务设计

服务设计是有效地计划和组织一项服务时所涉及的人、基础设施、通信交流及媒介等相关因素,从而提高用户体验和服务质量的设计活动。服务设计以为客户策划设计一系列易用、满意、信赖、有效的服务为目标,广泛地运用于各项服务业。服务设计是在前期的用户体验设计、交互设计、产品设计、信息可视化设计和系统设计等基础上进行整合设计的。若要深入理解各项服务,则必须将它们放在更长的时间段上进行评估。服务设计既可以是有形的,也可以是无形的;目标用户体验的过程可能在医院、零售商店或街道上,所有涉及的人和物都为实现一项成功的服务起着关键性作用。服务设计将人与其他诸如沟通、环境、行为、物料等因素相互融合,并将"以人为本"的理念贯穿始终。

服务设计是以解决问题或者提供服务为目的的一系列实地与网络相结合的方法和工具(图 6.18),如用户模板法、用户旅程图、故事板、服务蓝图等。这些方法和工具是服务设计用于分析、总结的方式,也是最后产出的方式,如图 6.19 所示。从本质上来讲,服务设计的产出是用于指导实践的原则。其中,用户体验是服务设计关注的焦点,是将服务系统内各元素联系在一起的最终目标。在服务设计中,用户及其他利益相关者的积极参与尤为关键,只有如此,才能使这个复杂的体系具有现实意义。服务在具体的实施过程中往往会不断增长:一个实体产品只要在"包装盒子"中就可体现出它的价值,然而服务的价值却存在于用户使用产品的过程中。由此可见,服务设计中的概念设计、实施执

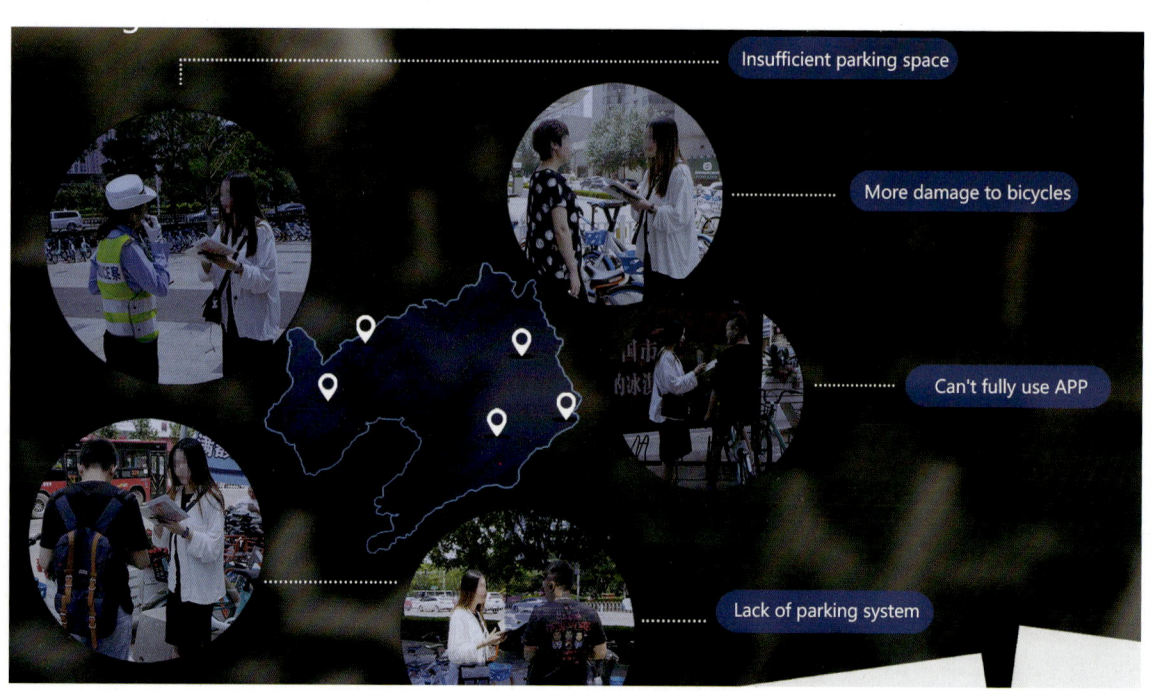

图 6.18　服务设计调研(设计学生姓名:苏悦)

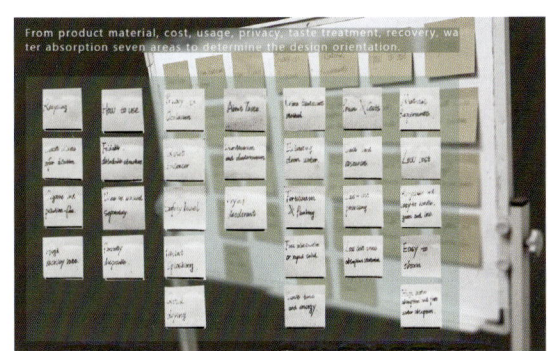

图6.19 服务设计问题梳理（设计学生姓名：苏悦）

行（设计概念）及使用等各环节之间的界限并不清晰。

服务设计是一种以用户为中心的方法，但它对用户的定义与用户体验设计和其他学科的定义是不同的。在用户体验设计中，当谈论用户时，几乎总是在谈论客户本身，或者至少是在服务之外的最终用户。而服务设计更看重一些设计技巧，根据以下步骤可以了解用户特征并细化服务流程：第一步，建立用户生活全景图。用户使用产品情境包含用户的价值观、生活规律、职业技能和社会关系。

该使用情境在设计中不可或缺，许多设计师将用户的参与作为设计流程中的重要环节。第二步，将无形元素视觉化。产品使用过程、不同的客户端，以及如何将服务融入用户的日常活动，都包含许多无形、抽象且复杂的元素。设计师需要理解这些元素并将它们纳入设计思考的范畴。这就要求设计师运用一定的视觉表达方式，如故事板、原型制作、讲故事、角色扮演。第三步，平行及交互的时间轴和用户角色。服务通常被认为是交互过程随着时间推移而得到的产物，如图6.20所示。

至关重要的是，服务设计者不仅要收集客户的体验和需求，而且要收集服务内部用户的体验和需求。服务团队还要与客户端和服务端深入合作，共同创建可能的解决方案和服务改进措施。服务设计往往会落实在人与物的基础上，比如人与人的组织方式、界面、物体，所以服务设计不可避免地与产品、交互、用户体验、空间设计等相结合，并最终落实在具体的设计方案上。服务设计的目的

图6.20 服务蓝图（一）（设计学生姓名：史溢明）

在于建立一个为用户提供服务的系统，如图 6.21 所示。例如，智能手机上的许多应用程序离不开中央服务器，也离不开用户系统，而且有许多应用程序只提供基础的功能，却依然需要每隔几周更新一次。又如，Greenwheels Global 是荷兰提供汽车租赁服务的知名企业，在阿姆斯特丹、海牙、鹿特丹、乌德勒支等城市提供服务，并建立一个覆盖汽车维修、用户注册、服务收费、取车方式选择等方面的端对端（End-to-End）服务系统，即用户对用户的服务系统。

服务设计是作为一门学科出现的，其中包括大型复杂系统——国家或跨国家层面运营的服务，并拥有广泛的利益相关者。医疗保健系统就是这样一个复杂的例子，该系统往往非常复杂，整个系统内包含许多附属的服务。医疗保健系统也往往就是服务设计试图打破的那种"孤岛"设计的例子。就个人而言，病人在医疗保健系统中的特定接触点可能设计得很好，而且他们对于每个服务接触点可能都有非常良好的体验。但是，病人可能会对他们的整体体验给予负面评价。人们在对他们的整体医疗体验表示不满的同时，会对与他们接触的所有单个医护人员的工作表达感激，这种情况并不少见。例如，患者可能在门诊部有很好的体验，在舒适的环境中短暂等待之后，友好且称职的医生会接诊他们，并将他们引导到系统的另一部分进行检查。但是，当他们离开门诊部时，他们可能会对接下来的经历感到茫然。通常在接触点之间或者在较大的医疗保健系统内的辅助服务之间的交界处，体验就会出问题。此时，门诊部的工作已完成，患者已转诊到系统的另一部分，但患者此时的感受却与之前截然不同，因为对他们而言，这项诊疗行程远未完成。总而言之，服务设计会在对用户体验的不断深入过程中，不断完成进化和迭代。

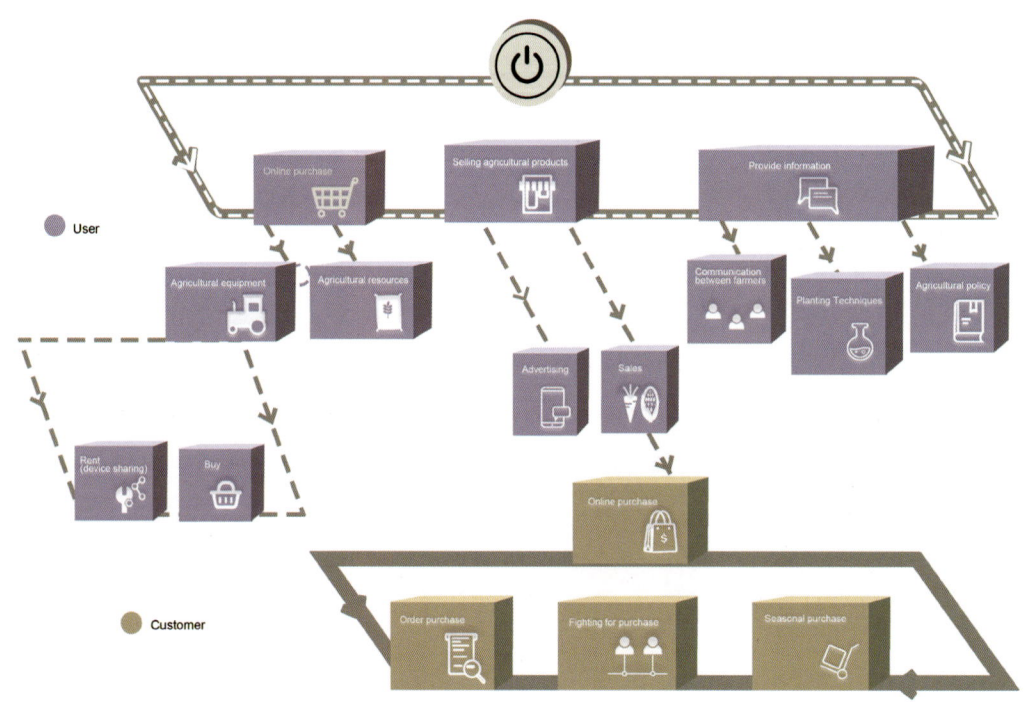

图 6.21　服务蓝图（二）（设计学生姓名：唐丹凝）

6.6 用户体验设计

用户体验设计是一个多维概念，用于设计用户与产品间互动行为的过程，这个过程将决定当用户与产品进行交互时的感受与行为。在商业行为中，用户体验设计的目标是通过增强产品的可用性、简化操作、增加使用愉悦感3个方面改善客户与产品间的交互体验，从而提高客户满意度和忠诚度。用户体验设计是设计有用、易用且能从使用中获得愉悦感的（虚拟或实体）产品的过程。在提高用户与产品交互过程的体验的同时，保证产品可定向地对客户传达其价值。不管是有意还是无意，用户体验设计每时每刻都在发生着。总有人在为产品和用户间的交互行为做出决定，好的用户体验设计就是做出能够同时理解并满足用户和商家需求的决定。

体验本身是不可计划的，但可以通过设计来影响体验。体验是指个人在当下的感受，它并不以设计师这个职业为转移。但是，设计师可以为获得更好的体验和感受而做设计（图6.22），这其中的区别虽细微却十分重要。一个"为"字让设计师在设计过程中表现得更加谦逊，为合作提供了更广阔的空间。因为到最后，设计师为人的体验所做的设计将决定产品、服务及其与人建立积极连接的成败。因此，用户体验设计是艺术与科学共同构建的通过与产品交互而产生积极情绪的过程。同时，用户体验设计专注于设计一个为用户提供高品质体验的系统的过程。总的来讲，用户体验设计采纳了一些包括用户界面设计、可用性设计、无障碍设计、信息架构和人机交互等一系列学科在内的理论体系。

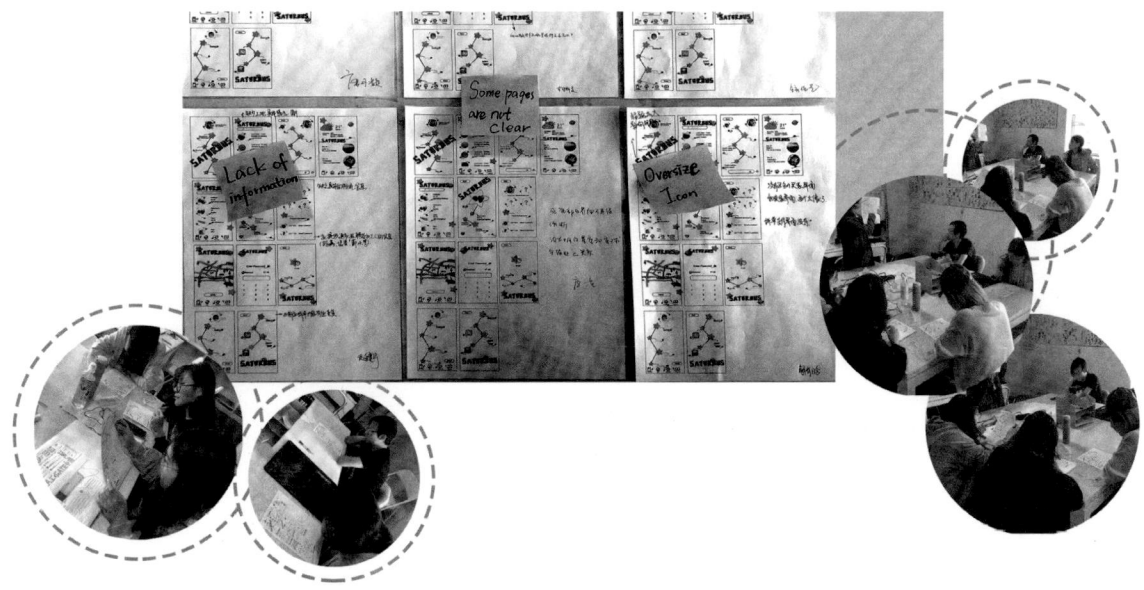

图6.22 用户体验反馈（一）（设计学生姓名：唐丹凝）

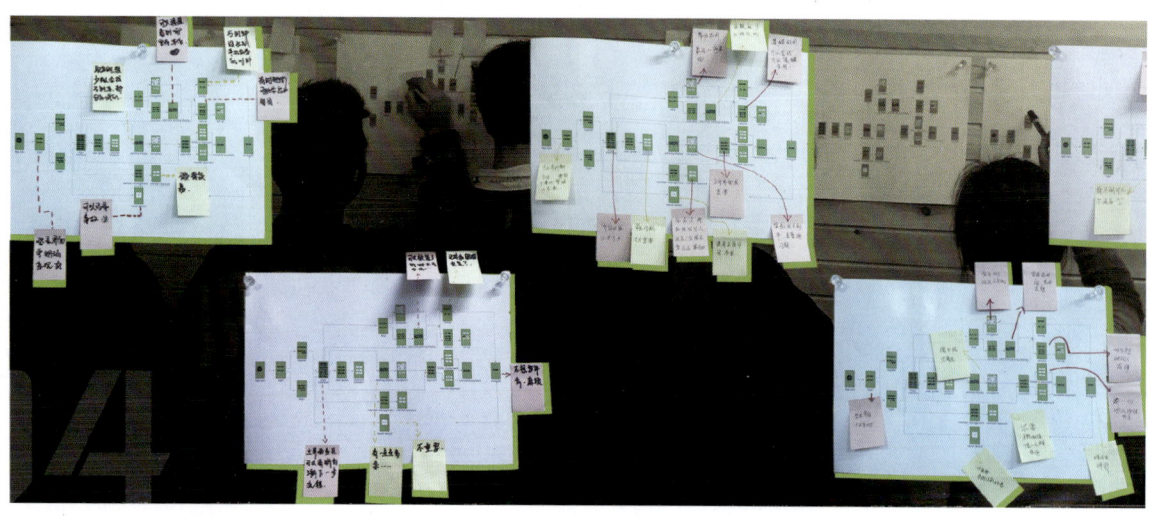

图 6.23 用户体验反馈（二）（设计学生姓名：张雨萌）

图 6.24 用户体验地图（设计学生姓名：江若琪）

用户体验设计师的工作就是设计用户、产品、服务提供方之间的互动联系。

用户体验设计是一种承诺，即在设计产品的过程中考虑用户需求，从一开始目标用户的确定到论证用户的需求再到将上述信息融入对产品或服务的设计中去，用以提高用户生活质量。设计创意的可行性都需要通过真实的用户反馈（图6.23）和产品本身迭代改进来共同保证产品能更好地服务于用户。此外，用户体验设计是一种以用户为本的设计方法。可以说，用户体验设计是一种尝试，希望通过将产品服务的方方面面纳入思考，从而更好地服务于用户。所谓的方方面面不仅仅限于产品或流程的外观和功能性（可用性和无障碍性），还包括使用过程愉悦性、用户情绪等一些难以通过技术手段解决或达到的目标。如果说一位设计师已经可以创造出美观、独特、感性且实用的一个按键、一个流程或一个交互动作，那么，用户体验设计则是将这些已有的状态进行延伸，再将各种学科进行融合，从而使得用户体验得到本质性的提高。

用户体验地图是用户体验设计的研究和呈现方法，在设计过程中应充分考虑每一个可以影响产品体验或服务的关键节点，如图6.24所示。从这个意义上来讲，用户体验设计超越了传统的界面设计和视觉传达设计，在互联网和大数据时代，对体验的关注显得尤为重要。因为在很多情况下，设计师无法面对面地接触到客户。最终，"用户体验设计"这个专用词汇会淡出所有人的视野，而作为最基本的设计流程之一便被保留下来。换言之，用户体验设计是植根于对用户深入理解上的设计方法论，其终极目标是提供与期望值一致的产品设计体验。用户体验设计本身隐含着数字化的意味，通常会被与网页和移动终端应用联系起来。

用户体验设计是在每个交互关键节点中想要传达给用户的价值理念。这些价值理念，无论是积极的还是消极的，都作为一个整体影响用户对于产品的认识和看法，如图6.25所示。用户体验设计是对好的产品和服务做出的承诺：在设计过程中，有目标、心怀用户、诚信公正。也就是说，用户体验承诺以有目标、有同理心、公正善良的心态开发产品和服务。这将是一个永无止境的过程，让设计团队从客户的角度看待世界，并努力提高他们的生活质量；企业保持商业的良性运转，并努力找到新的方式帮助企业实现可持续增长。因此，良好的用户体验是一场经济价值和社会意义的完美平衡。用户体验设计通过预知用户的需求，并满足那些连用户都意想不到的诉求，以力求让用户感到愉悦。然而，很多人指出，体验是不能被设计的，因为体验是人所固有的，而不能被客观创造。另外，用户体验使设计师和用户有机会去定义和区别好的体验和不好的体验。一旦设计工作完成，被设计过的元素就变得不可见了，而用户会为此感到愉悦，因为设计团队预先洞察了他们内心深处连自己都不清楚的需求，并满足了这些需求。

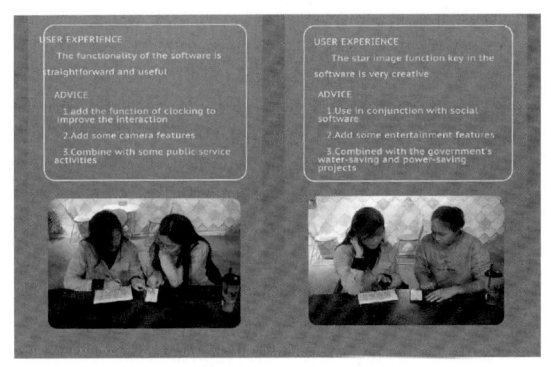

图6.25 用户体验测试与反馈（设计学生姓名：黄钰茹）

6.7 设计伦理与责任

设计的伦理与责任是一个备受争议且逐渐升温的话题。设计产业是对技术、社会和经济的回应,同时也是对这三者的重塑。设计师可以决定人们如何看待产品,如何居住和生活,并暗示他们对产品产生怎样的期待。自伦理问题产生以来,设计师便不断思考如何在设计过程中满足所有相关者的利益。设计的伦理与责任来源于设计师的自我意识,从而影响产品的设计、制造和消费。设计师在"人—机—环境"系统中扮演着重要的角色,肩负着重大的社会责任,他们引导消费者在购买和享受服务的同时,考虑应承担的社会责任。这将避免消费者自身行为给其他人、动物或环境带来的剥削或破坏。通过设计的伦理与责任,设计师可以寻找到公平的、无害的、有机的、可回收的、循环再利用的产品设计渠道。

随着道德消费与绿色品牌意识的形成,基于伦理的商业与市场行为也将成为大众关注的焦点问题。伦理设计的目标是改善不良问题,确保清晰的解决思路和未来生活、生产朝着健康、良性的轨道发展。如图6.26和图6.27所示,学生为了更好地解决外卖垃圾的处理方法和荒芜地区的垃圾清理问题,通过实地调研与观察,找到了帮助垃圾清理者解

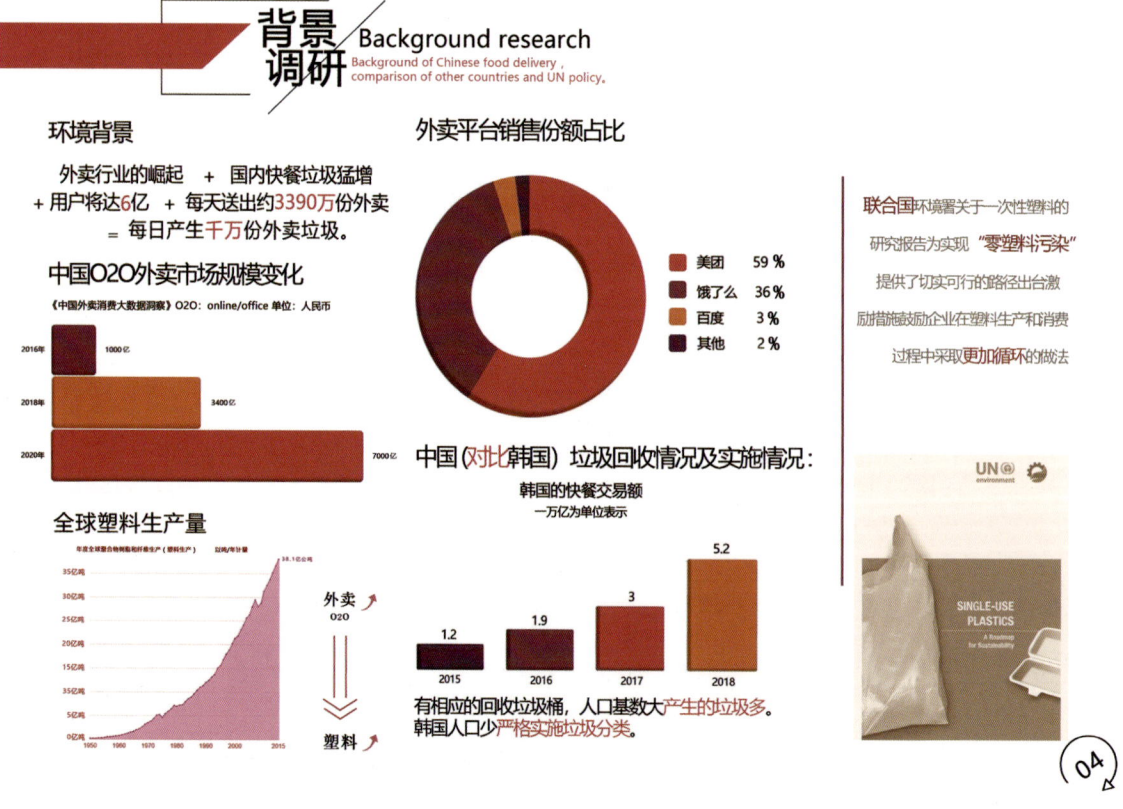

图6.26 解决外卖垃圾的处理所开展的背景调研(设计学生姓名:侯佳琪)

▶ Steeplejack 攀爬拾取垃圾

▶ Tourist and Volunteer 游客与志愿者

图 6.27 解决垃圾拾取问题的用户观察（设计学生姓名：侯佳琪）

决一些用户随意丢弃垃圾的处理方法。目前，环境保护问题、批量化生产对环境和社会的影响问题，让设计师开始不断质疑是否被动接受项目，不断地创造新的产品，还是尝试创造一种更加系统、人性化的解决问题的方式。设计师可以参与更多的伦理标准制定，并将它们融入产品设计思维和设计实践之中，对这方面的社会发展趋势做出积极的回应。

自工业革命以来，产品设计已成为消费主义和经济增长的关键驱动力。企业雇用产品设计师并赋予他们参与设计生产的权力，以确保企业可以生产出具有利润的好的产品。这种局面会造成企业追求利益和社会资源之间存在某些不平衡，因此，产品设计师需要兼备双重责任：一方面平衡企业的商业利益，即企业和客户的需求；另一方面兼顾作为社会公共利益的拥护者，考虑消费者的权益和环境因素。然而，两全其美对于设计从业者而言往往很难做到。在许多情况下，设计师有权挑选客户，决定参与项目的类型。这也促使一些设计师从商业化的设计工作中逃离，转向激进的社会批判性设计，通过实现许多完全由自己设计并开发的小规模产品来表达自我观点，并创造理想的理念与实践。

今后，设计师要一如既往地以专业的态度、严格的道德标准来设计和生产产品，确保不会引起环境、用户安全等问题。同时，设计师可以用可视化的方式来推广环保的、资源优化的设计意图，以此来引导消费者，如图 6.28 所示。产品责任与法律息息相关，如果产品对消费者造成伤害，消费者就会寻求法律手段追究企业的责任。通过法律途径，消费者也可以要求产品的生产者和销售者对自己的人身伤害或财产损失进行赔偿。值得设计师重视的是，设计方面经常会疏忽 3 个方面的问题而造成严重后果：其一，制造商的设计本身包含安全隐患；其二，作为产品设计的一部分，制造商没有提供必要的安全提示；其三，设计中所使用的材料没有足够的强度，或不符合相关标准。为了将产品的不安全性降至最低，设计师需要严格执行行业和国家颁布的标准，对产品进行充分的测试和修改，避免任何潜在的可能导致失败的因素。此外，在市场销售环节，设计师必须确保包装内含有必要的警告标识和详细的产品手册，利用合法的研发手段，并将责任融入设计决策的过程中。

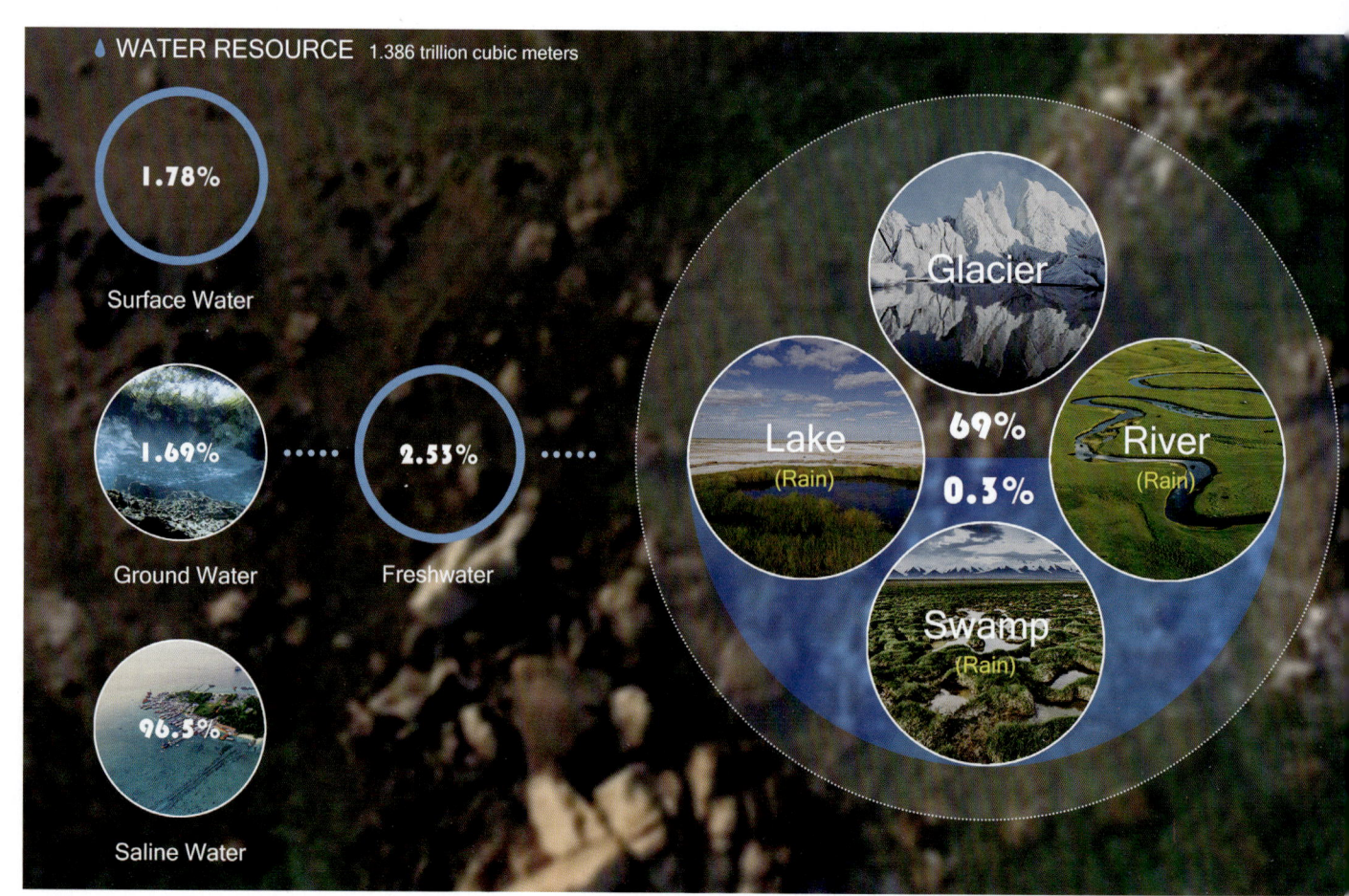

图6.28　水资源污染调研（设计学生姓名：侯佳琪）

本章思考题

(1) 产品设计的未来发展趋势都有哪些?
(2) 什么是参与式设计?
(3) 简述情感化设计与产品设计的关系。
(4) 如何实践包容式设计?
(5) 探讨服务设计与用户体验设计的关系。
(6) 设计师应承担哪些伦理与责任?

相关知识链接

(1) 参与式设计
参见：朱炜，卢晓梦，杨熊炎, 2018. 产品设计方法学 [M]. 武汉：华中科技大学出版社.
(2) 用户体验设计
参见：袁自龙，钱涛, 2014. 产品设计方法 [M]. 南京：江苏凤凰美术出版社.

第 7 章
产品设计实践案例分析

本章要点

- 公共产品设计实践。
- 特殊群体产品设计实践。
- 科技类产品设计实践。
- 面向大众所关注的问题设计实践。

本章引言

本章通过鲁迅美术学院工业设计学院师生的设计实践,来解析设计程序与方法中的知识如何在实际设计项目中加以运用,最终实现设计创新和突破。本章各节试图从不同的角度切入设计,如公共安全类产品、儿童关爱类产品、特殊群体关爱类产品、健康类产品、科技类产品等,并配有师生原创的、具有创新价值的设计案例来加以论证,可以让读者更深入地理解如何对不同课题开展设计调研、确立设计目标、呈现设计效果和进行设计评估。

7.1 公共安全类产品设计案例

对于公共安全类产品设计课题而言，首先应明确的是，产品的目标用户不是单个用户，而是共同使用或共享使用的群体客户。那么，在具体设计开始之前，应该做好产品环境调研、用户需求调研、产品材料调研等任务，找到适合产品的具体使用场景和使用人群。充分的调研可以为设计的存在做好先期论证，再逐渐地推进设计，推敲创新要素是否合情合理。接下来，对于安全类、救援类的产品设计要充分地以用户中心为原点，有时为了体验用户在危难时刻的反应和感受，设计团队需要进行大量的实地访谈，或者搭建虚拟场景，去体验危险发生时用户的各项行为。

如图 7.1 所示，32 秒社区公园设计项目的目标地点是时常发生地震的地区，项目之所以以"32 秒"为该公园命名，是因为设计师为

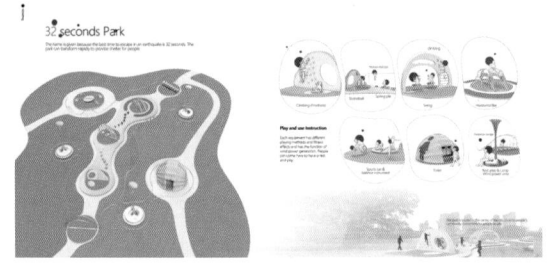

图 7.1　32 秒社区公园设计项目（一）（设计学生姓名：陈思祺）

了体验灾难逃生而进行了模拟实验。地震发生时，在社区居民以最快的反应速度逃离到周围各安全地区所用的时间记录中，逃离到社区公共活动区域所用的时间要比逃离到附近医院、体育广场、学校等区域的时间短很多，于是便选择了设计公共活动空间作为设计的目标地点。接下来，设计团队开始考虑如何将社区公园改造成一个可以供社区居民临时居住的空间，其中有一种方案是在原有设施的基础上，只需32秒便可以搭建出临时居住空间，故该设计项目得名32秒社区公园。

32秒社区公园的每个娱乐设施内部都预先设计了折叠结构（图7.2），当地震发生时，社区居民可以迅速转移到公园，然后启动折叠结构，将设施之间的空间连接起来组成临时居住的帐篷。公园中的路灯除了启动应急电源进行照明之外，还可以用于收集水源，为居民提供临时饮用水。此外，公园里还提供临时卫生间等设施，以确保居民临时居住的基本需求得到满足。32秒社区公园不仅在平时可作为休闲娱乐区域满足社区居民的日常使用，而且可以在灾难发生时迅速转变职能，体现了一物两用的设计理念。

【32秒社区公园设计项目（设计学生姓名：陈思祺）】

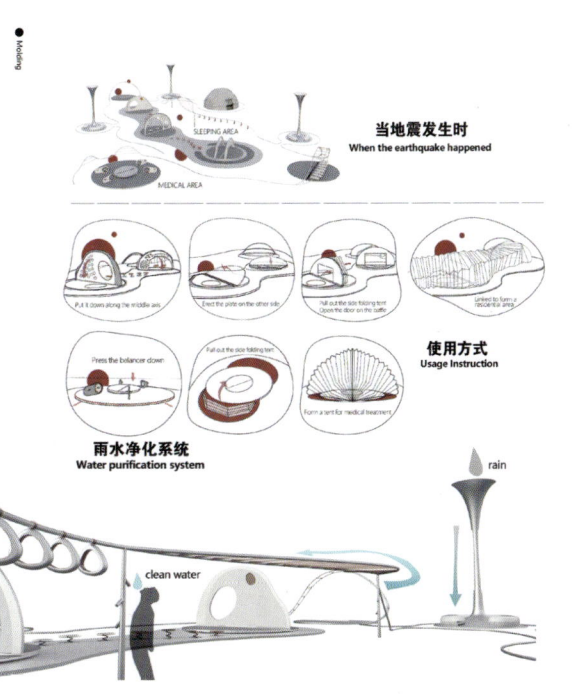

图7.2　32秒社区公园设计项目（二）（设计学生姓名：陈思祺）

7.2 儿童关爱类产品设计案例

在许多国家和地区,仍然存在非常贫困的状态,这些国家和地区的资源配置不平衡,民族文化存在较多差异,甚至连教育也存在资源短缺的问题。近些年来,教育不平衡的问题越来越受到各界人士的广泛关注。例如,对贫困山区的儿童教育需要更多关注如何教导他们远离陋习,建立正确的人生观、价值观等问题,政府与社会各界应提供丰富的教育人才和物资等资助。这个设计案例是一个名为"HOPE"的多功能支教车设计,可以将许多需要面对面讲授的课程通过移动支教车搬到边远地区,随着爱心物资一起给贫困山区的儿童送去教育资源、温暖和关爱,如图 7.3 所示。

图 7.3　HOPE 多功能支教车设计项目（一）（设计学生姓名：侯佳琪）

为了解决教育资源不均衡的问题，HOPE多功能支教车将共享教育的概念与运输捐献物资的交通机具结合起来，通过移动车辆将临时教室带到偏远地区，搭建教学空间，为贫困山区的孩子建立面对面的名师体验课堂，如图7.4所示。"HOPE"的全意是"Light of Hope"（希望之光），这辆多功能支教车可以运输捐赠物资和教具，并由专业教师为学生提供适合面对面传授的课程，如美术、音乐等体验式、沉浸式的教育课程。

HOPE多功能支教车可以随时随地在户外搭建临时教室，车内配备多套折叠桌椅，可以快速打造一个户外的临时教学空间。车厢的折叠结构能够形成一个半围合的讲台，教师可以利用投影仪为学生播放学习资料，并指导学生完成各项任务。将学习扩展到课堂以外的实践指导，可以最大限度地为贫困山区的孩子提供与发达地区同等的教育服务。

图7.4　HOPE多功能支教车设计项目（二）（设计学生姓名：侯佳琪）

7.3 特殊群体关爱类产品设计案例

在进行特殊群体关爱类产品设计之前,应建立起对目标群体的同理心,而同理心的梳理可以通过用户调研来加深理解,其中包括用户观察、用户访谈、民族志研究等方法。当设计师对用户有了更深入的理解之后,所确定的课题才会更符合用户的需求,并解决用户的真实痛点问题。在设计中建立同理心的优点在于,避免设计师站在上帝的视角俯视众生,这样很容易对一些特殊群体产生怜悯,而这种怜悯并非完全有益于下一步的设计任务,往往会造成设计师目标与用户需求之间的偏差。

这部分所举出的例子是 Harbor 难民临时居住空间设计,如图 7.5 所示,该避难空间可以为无家可归的难民提供临时居住的场所。

图 7.5　Harbor 难民临时居住空间设计项目(一)(设计学生姓名:史溢明)

Harbor 难民临时居住空间采用折叠式、模块化设计，每座避难所可供 4 位难民同时使用；空间的中心是一座公用的卫生间，可以供 4 位居住在其中的难民如厕和洗漱使用；避难所的 4 扇门可以在难民登录有效信息后展开，变成折叠帐篷供用户临时休息，并为使用者隔离出独立空间，以满足用户的隐私需求。

这个设计集难民对临时居住空间的各项需求于一体化，希望通过设计为无家可归的难民提供安全的、独立的、有尊严的临时居住体验，如图 7.6 所示。Harbor 难民临时居住空间模块化的设计理念有利于实现产品的开发与推广，所选用的材料既考虑了产品成本，又考虑了环境友好性，这些也符合设计的立意和初衷。

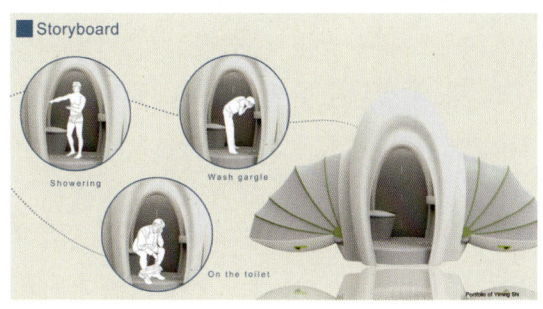

图 7.6　Harbor 难民临时居住空间设计项目（二）（设计学生姓名：史溢明）

7.4 健康类产品设计案例

对于健康类产品的设计而言，倡导绿色健康的生活理念远比提供被动的健康护理产品重要得多。为了以合适的方式方法鼓励用户以积极的心态养成健康的生活方式，首先应与目标用户建立同理心，感受用户的所思、所想、所见、所闻，这样才能更深入地了解用户的痛点和需求。例如，许多健康类的手机 app 会监督和记录用户每天的运动量并完成打卡分享，通过在 app 上一段时间的积累和坚持，用户不仅改善了身体状态，而且在 app 打卡分享中获得了成就感。这种激励方式增加了用户与 app 的互动性，为用户提供了更为理想的使用体验。

为倍轻松品牌而设计的系列概念按摩器（图 7.7）采用了模块化的设计理念，其设计

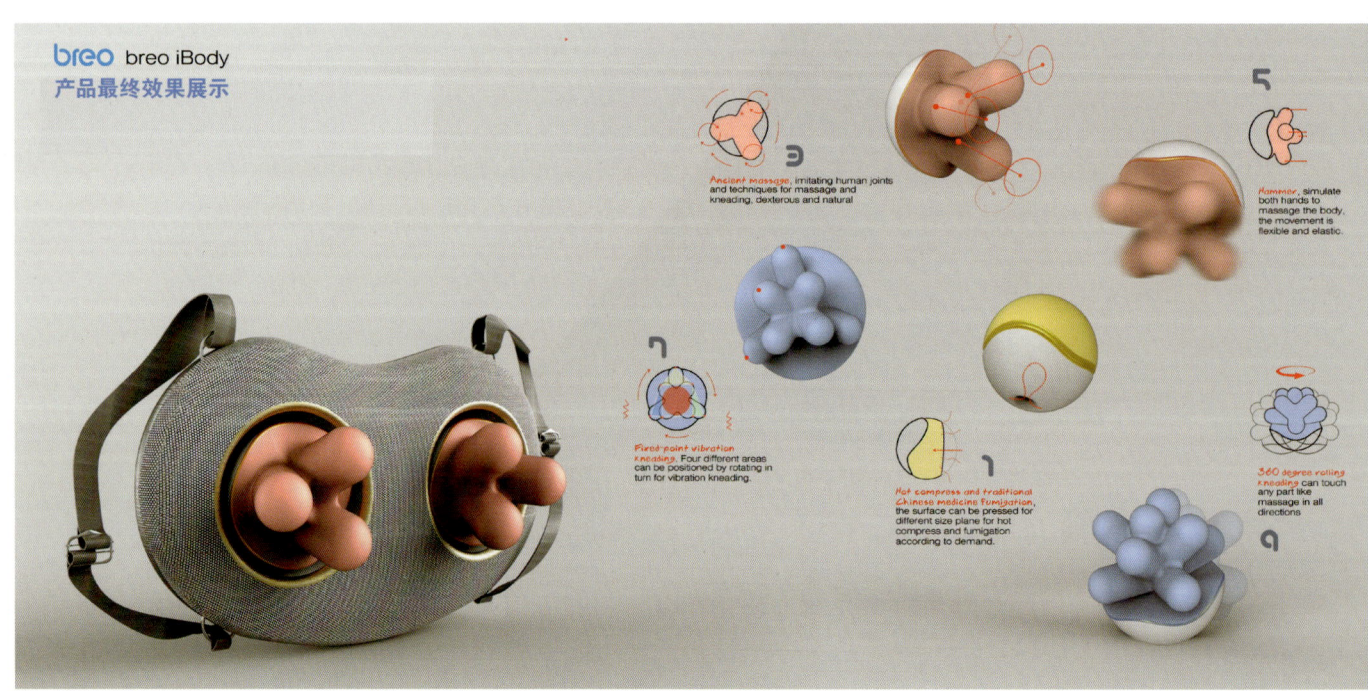

图 7.7 倍轻松系列概念按摩器设计项目（一）（设计学生姓名：葛乃铷）

目标是将青年用户的不同按摩需求浓缩在一个按摩器上全部实现。该按摩器提供了5种不同的按摩头,每一种按摩头可以实现如敲打、震动、扭动等不同的按摩模式。用户可以根据自己的习惯自由更换按摩头,这样就可以在工作、休息等不同情境下使用产品。此外,按摩器可以佩戴在身上的不同部位,如肩膀、腰腹、腿部等部位,通过按摩缓解疲劳,让用户在紧张的工作、学习、生活中得到生理和心理的放松。

正如许多智能电子类产品的设计系统一样,倍轻松的系列概念按摩器也相应地开发了一套app(图7.8),方便用户了解按摩器的使用方法和按摩头的各项功能;也方便用户通过app在手机上调节按摩的力度、频率等。实体产品与虚拟产品的配合使用,预示着产品未来发展的趋势,而且,在近未来阶段,虚拟产品会在实施各项功能时发挥出越来越重要的效用。

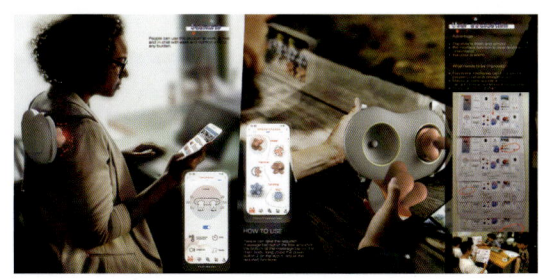

图7.8 倍轻松系列概念按摩器设计项目(二)(设计学生姓名:葛乃铷)

7.5 科技类产品设计案例

在面对科技类产品设计时，设计师应明确的是，产品设计创新与技术发展之间既有联系又有区别：一方面，设计师既不能单纯为了艺术而做设计，因为产品设计需要具有功能性、科学性和经济性等要求；另一方面，设计师不能单一关注科学而忽略创新，因为产品设计是兼具艺术特征和精神功能的创新活动。那么，科技应该在产品设计创新中扮演怎样的角色呢？科学技术可以作为一种产品设计的重要资源，设计师想要真正享受这一资源，必须将科学技术物化为具体的现实产品，而设计正是科技物质化、商品化的桥梁，即各种科学技术必须通过设计的综合利用与转化，才能满足用户需求并且被提升价值。

在为传统文化餐厅设计的交互灯具项目中（图7.9），设计团队通过对科技新趋势的调研，找到了一种能够通过水雾将界面投影在空气中的裸眼虚拟现实技术。开启交互灯具后，可以选择照明和投影两种模式，其中投影模式能够为客户显示餐厅的招牌菜系、菜谱、餐厅活动、菜系文化等信息。用户可以在等餐过程中阅览大量信息，也可以在享用菜品的同时了解菜品背后的文化和故事（图7.10）。交互灯具的系列界面能够通

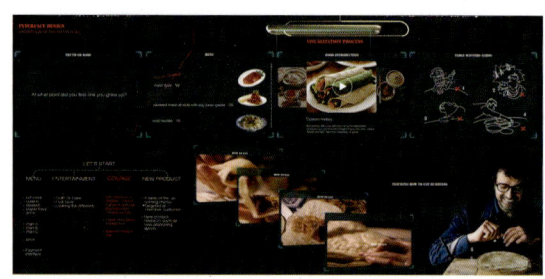

图7.9 交互灯具设计项目（一）（设计学生姓名：葛乃铷）

过用户的声音和手势控制,创造更好的文化餐厅服务体验,也将成为吸引更多客户选择这家餐厅的一个亮点。

所有的科学技术都需要通过设计转化成商品,而产品设计中含有科学技术的成分也可作为设计创新的不竭动力。在科学技术给用户带来种种便利的同时,设计师也应注意,科学技术发展有时也会造成人际关系的隔阂,例如,因长期的人机界面交互而导致人与人面对面的交流减少,久而久之会导致一系列社会问题和感情问题。如何更好地利用科学技术所带来的益处,又尽可能地避免其造成的负面影响,这将是未来设计师在责任、道德伦理方面的重要研究课题之一。

本章思考题
(1)面对熟悉的设计课题时,如何开始创意切入?
(2)面对陌生的设计课题时,如何开展设计?

相关知识链接
(1)同理心
参见:贝拉·马丁,布鲁斯·汉宁顿,2013. 通用设计方法 [M]. 初晓华,译. 北京:中央编译出版社.

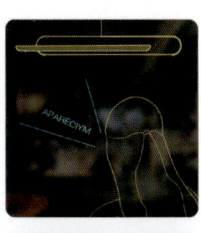
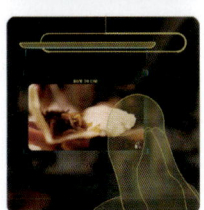
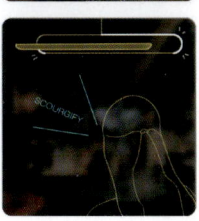

图7.10 交互灯具设计项目(二)(设计学生姓名:葛乃铆)

结 语

在读过本书之后，首先希望读者可以明确一点，书中所讲述的产品设计程序并非直线性的思维模式。也就是说，在做设计时，设计师应当避免一条道走到黑，因为设计对未来的探索应该是一种非线性的思维模式。所谓非线性思维模式，是相对常规的、直线性的、一次性的思维模式而言的。在产品设计进程中，设计的迭代可能会根据设计的限定因素、不可控条件、技术变革、时代转变等发生，而且设计师无法决定或推测新的想法和创意会在哪一个绝对点上准时出现。然而，创新存在于设计本身，设计的各个阶段都可能孕育着新的思路。所以，设计一个产品并非一项一次性的任务，设计团队往往会在某个阶段发现问题时，回过头去审视和调整设计的初始阶段；或者，因在某个环节受到了启发而直接跳转到了设计的最终阶段。由此可见，非线性设计思维更有益于产品设计程序与方法不断地走向成熟。

其次，对于许多设计任务而言，设计团队即使认真履行了设计的程序，也并不意味着必然会获得产品设计和创新的成功，因为设计程序不等同于设计方法。所谓产品设计的程序是一种设计的逻辑运行模式，通常一个项目的设计会从调研开始逐渐发现问题，然后定义问题和设计计划，进而开始进行设计和制作，最后进入测试与评估环节。以上步骤就是大多数产品设计的流程。然而，设计师不能想当然地认为，当他们走完这些流程，就可以得到一个崭新的、完美的产品。很显然，这还远远不够。

再次，随着设计项目实践和经验的积累，设计师可以明确的是，设计程序与设计方法是两个互相依存的系统，学术界现存的上百种创新的方法也有自己独立的逻辑，并能在不同设计阶段发挥作用。如果产品设计的学习者和实践者在每一次学习和实践之前明确了以上问题，那么，当设计中遇到困难和挫折时，便可以思辨性地跳出固有模式，而更加宏观地看待设计进程。久而久之，随着设计经验的积累，设计师的设计思维将逐渐走向成熟。同时，在非线性模式所提供的跳跃式思维中，设计师可以独立地发掘产品设计的整个过程中存在的更多创新的可能。从掌握设计方法到理解设计原理，这是一个从量变到质变的飞跃过程。

最后，产品设计是一门正在迅速发展的学科，设计师需要不断地意识到当下的伦理、环境、社会、文化、政治和技术等问题对设计工作的影响。技术和软件方面的创新正在模糊我们平常所理解的产品设计的范围。这说明，分析、研究并提出的新的设计计划，不仅反映了设计师对周围环境所发生改变的感知，而且可以帮助他们前瞻性地重新定义世界。面对如此纷繁复杂的世界，产品设计要求设计师具备全面的思考能力。未来，无论是实际产品还是虚拟产品的设计开发，都需要设计师具备更加深刻的领悟与理解能力，并且关注情感与伦理设计。从宏观的角度来看，今天努力尝试解决所面临的各种设计问题，将是设计师未来驰骋于设计疆场的基础与保证。

参考文献

保罗·罗杰斯,亚历克斯·米尔顿,2013. 国际产品设计经典教程 [M]. 陈苏宁,译. 北京:中国青年出版社.

贝拉·马丁,布鲁斯·汉宁顿,2013. 通用设计方法 [M]. 初晓华,译. 北京:中央编译出版社.

C.Todd Lombardo, Bruce McCarthy, Evan Ryan, Michael Connors, 2018. 产品设计蓝图 [M]. 马晶慧,译. 北京:中国电力出版社.

蔡赟,康佳美,王子娟,2019. 用户体验设计指南:从方法论到产品设计实践 [M]. 北京:电子工业出版社.

代尔夫特理工大学工业设计工程学院,2014. 设计方法与策略:代尔夫特设计指南 [M]. 倪裕伟,译. 武汉:华中科技大学出版社.

戴力农,2016. 设计调研 [M]. 2 版. 北京:电子工业出版社.

EXPERIENCE DESIGN STUDIO 体验设计工作室,2015. 体验设计:创意就为改变世界 [M]. 赵新利,译. 北京:中国传媒大学出版社.

侯世达,桑德尔,2018. 表象与本质:类比,思考之源和思维之火 [M]. 刘健,胡海,陈祺,译. 杭州:浙江人民出版社.

Kathryn McElroy, 2019. 原型设计:打造成功产品的实用方法及实践 [M]. 吴桐,唐婉莹,译. 北京:机械工业出版社.

卡尔·T.乌利齐,史蒂文·D.埃平格,2018. 产品设计与开发(原书第 6 版)[M]. 杨青,杨娜,译. 北京:机械工业出版社.

李程,2017. 产品设计方法与案例解析 [M]. 北京:北京理工大学出版社.

李冠辰,2017. 产品创新 36 计:手把手教你如何产生优秀的产品创意 [M]. 北京:人民邮电出版社.

李亦文,2011. 产品设计原理 [M]. 北京:化学工业出版社.

罗莎,等,2017. 设计方法卡牌 [M]. 北京:电子工业出版社.

Steve Portigal, 2015. 洞察人心:用户访谈成功的秘密 [M]. 蒋晓,戴传庆,孙启玉,张振东,译. 北京:电子工业出版社.

王珺,宋小青,王佳山,2015. 产品设计概论 [M]. 北京:中国电力出版社.

王坤茜,2015. 产品设计方法学 [M]. 长沙:湖南大学出版社.

吴成伟,2007. 头脑风暴训练 [M]. 北京:新世界出版社.

雅各布·施耐德，马克·斯迪克多恩，2015. 服务设计思维：基本知识—方法与工具—案例[M]. 郑军荣，译. 南昌：江西美术出版社.

杨熊炎，苏凤秀，2018. 产品模型制作与应用[M]. 西安：西安电子科技大学出版社.

袁自龙，钱涛，2014. 产品设计方法[M]. 南京：江苏凤凰美术出版社.

约翰·斯达克，2017. 产品生命周期管理 21世纪产品实现范式[M]. 2版. 杨青海，俞娜，孙兆洋，译. 北京：机械工业出版社.

朱炜，卢晓梦，杨熊炎，2018. 产品设计方法学[M]. 武汉：华中科技大学出版社.